トム・ヴァン・ドゥーレン

絶滅へむかう鳥たち

西尾義人 訳

絡まり合う生命と喪失の物語

THOM VAN DOOREN

FLIGHT WAYS

Life and Loss at the Edge of Extinction

青土社

生き物があふれる世界への変わることのない畏敬の念と、
自然を不思議に思う感覚を授けてくれた両親に本書を捧げる

目次

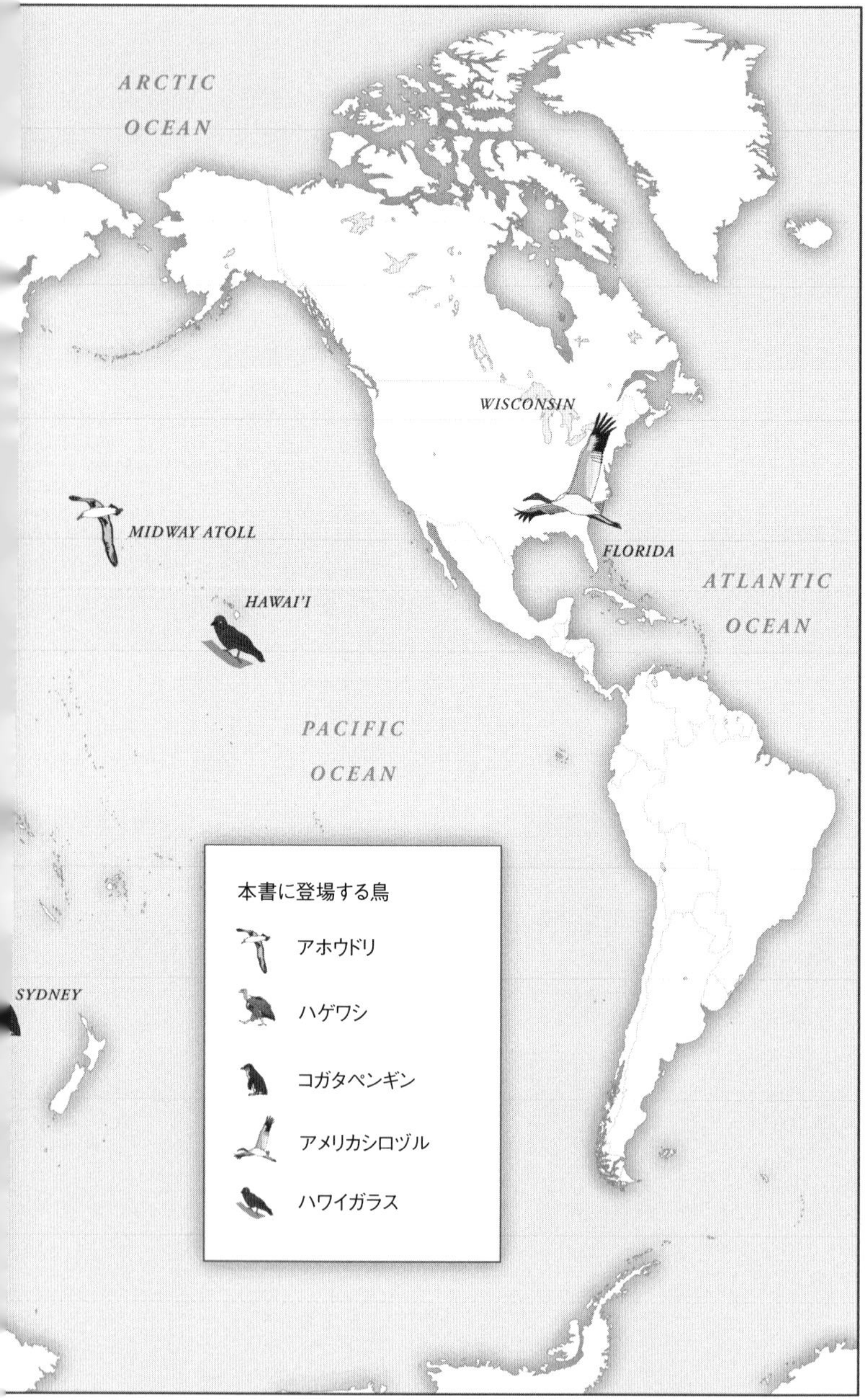

ARCTIC
OCEAN
WISCONSIN
MIDWAY ATOLL
FLORIDA
ATLANTIC
OCEAN
HAWAI'I
PACIFIC
OCEAN
本書に登場する鳥
アホウドリ
ハゲワシ
コガタペンギン
アメリカシロヅル
ハワイガラス
SYDNEY

Arctic Circle
75°
60°
45°
30°
Tropic of Cancer
15°
Equator
ATLANTIC OCEAN
INDIA
INDIAN OCEAN
Tropic of Capricorn
30°
45°
60°
Antarctic Circle
SOUTHERN OCEAN

絶滅へむかう鳥たち——絡まり合う生命と喪失の物語

謝辞

本書の執筆にあたっては、たくさんの方々のお力添えを頂戴した。各章の草稿やプレゼンテーションに対してコメントをくれたり、本書のためのインタビューやディスカッションで自身の見解や専門知識を教示してくれた方々に感謝申し上げる。特にデボラ・バード・ローズとの継続的な協力関係は本書にとって有益であり、彼女の学識と友情は常に私の刺激の源だった。また、ダナ・ハラウェイも、草稿に対して寛大かつ鋭いフィードバックを返してくれた。著作と個人的な助言を通じて私の思考と文章のかなりの部分を形づくってくれた、この二人のすばらしい研究者に心から感謝の意を表する。

本書に多大な貢献をしてくれた方は数多くいるが、なかでも、マシュー・チルルー、ミシェル・バスティアン、エミリー・オゴーマン、ジェフ・ブッソリーニ、エベン・カークシー、ジョディ・フローリー、ヘザー・グドール、ジェイク・メトカーフ、アナ・チン、マーク・ベコフ、マリア・プイグ・デ・ラ・ベラカサ、ジム・ハトリー、リック・デ・ヴォスに特別な感謝を捧げる。また、執筆中に数多くの生物学者、保全活動家の方々と直接会い、鳥について話し合ってきたが、意見を聞かせてもらうだけではなく、通常であれば入ることのできない区域への立ち入りを許可してもらうという僥倖にも恵まれた。リッチ・スウィッツァー、ホブ・オスターランド、ジョン・フレンチ、ジョン・マーズラフ、アラン・リーバーマン、クリス・チャリーズに深く感謝する。

本書を執筆している間に私の受け入れ先となってくれたアカデミック・コミュニティの方々にも感謝申し上げる。この研究は、シドニー工科大学のポスドク研究員だったときに着手し、ニューサウスウェールズ大学の環境人文学プログラムに移ってから完成させたものだ。どちらの大学からも、刺激的な環境とフィールドワークのための経済的支援をいただいた。シドニー工科大学からはさらに、カリフォルニア大学サンタクルーズ校に客員研究員として四か月間赴任する諸費用も負担してもらい、おかげで多くの刺激的な交流をすることができた。なお、本書執筆のために行ったフィールドワークの資金の大半は、太平洋地域における絶滅に焦点を絞ったデボラ・バード・ローズとの共同研究（DP110102886）に対してオーストラリア研究会議から支給された助成金でまかなった。

最後に感謝を捧げるのは鳥たちである。鳥たちは、自分がこの研究に参加することを知らなかったし、また望んで参加したわけでもなかった――実際、多くの鳥がそんな選択権のない飼育下にあり、今日もまだその状態が続いている――が、それでも私は鳥たちからさまざまな刺激を受け取り、そのはかない生の様式について、もう少しだけ語りたいと思うようになったのだった。

はじめに　「絶滅の縁」でいきいきと物語を語ること

鳥類と絶滅についての本を書こうと思えば、どうしてもドードーの悲劇の物語から語りはじめなくてはならない。西インド洋の小島に暮らしていたドードーは、皮肉にもその死によって名前が広く知られるようになり、絶滅の「イメージキャラクター」のような存在になった。とはいえ、人々が思い描いてきたドードーの具体的なイメージや特徴は、大部分が憶測に基づいたものだ。ドードーがどのような鳥で、どうやって生き、いつこの世界から消え去ったのかについては、結局のところ不明な点が多いのである。ドードーに関する絵画作品やスケッチ、報告書は、一七世紀以降何点も残されてきた。しかし、そのうちのどれが正確で、伝聞ではない直接の体験に基づいているかを判断するのは難しい。今に伝わるドードーの描写や解説は、現実的なものから荒唐無稽なものまでさまざまあるが、その多くが、まるで伝言ゲームのように第三者からの話を情報源としている（Hume 2006）。

ドードー（*Raphus cucullatus*）について確かにわかっているのは、それが飛翔能力のない大型の鳥で、モーリシャス島だけに生息していたということだ。[1] ドードーの主食は地上に落ちた果実で、その他には、種子、球根、甲殻類、昆虫を食べていたと考えられる。人間がやってくる前のモーリシャス島には、果実が豊富にあった。また、陸生の哺乳類は存在しておらず（Livezey 1993:271）、そのおかげで、他の一般的な土地に比べて、食料を奪い合うライバルも少なかったはずだ。ドードーを狙う目立った捕食者もいなかったが、この捕食者の不在は、人間の進出以降、島の環境変化にドードーがうまく対応できない原因の一つとなった。

モーリシャス島に暮らすこの奇妙な姿の鳥を最初に目撃したのが誰なのか、はっきりしたことは言えない。可能性としては、一三世紀にこの島を発見したとされるアラブの商人たちだったとも考えられる。あるいは、その数百年後（一五〇七年以降）に島を訪れるようになったポルトガルの船乗りたちだったのかもしれない。しかし、知られているかぎりでは、どちらもモーリシャス島に定住したことはなく、ドードーと遭遇したという記録も残されていない。

ドードーに関する最初の信頼できる記録は、一五九八年に島にやってきたオランダ人によって書かれたものである（Hume 2006:67）。オランダ東インド会社は、それから約一〇〇年にわたり、モーリシャス島を「家畜の放牧と繁殖の場、並びに野生在来動物の肉の供給源」として活用した（Quammen 1996:265）。ドードーにとって、それは終わりの始まりだった。カメやその他の現地の鳥と一緒に食用としてメニューにのぼったばかりでなく、オランダ人によって意図的に、あるいは偶発的に島に持ち込まれた何種類もの哺乳類によって、大きな打撃を受けることになったからだ。

それに加えて、腹を空かせた船乗りや入植者の脅威に対して脆弱だったことが、ドードーにとっての問題を大きくしたのは間違いない。空も飛べず、捕食者に襲われた経験もない鳥を、素手で捕獲し棒で殴りつけるのは、いともたやすいことだったのである（Quammen 1996:266-68）。その一方で、ドードーの肉はとても食べられたものではなく、消費もあまりされなかったという話も以前から根強く囁かれてきた。しかし、それはどうやら事実ではないようだ。古生物学者でドードー研究の専門家であるジュリアン・ヒュームは、数多くの実際の体験談を調査して、オランダ人がその鳥の肉、特に胸肉と胃袋を「おいしく味わって」いたこと、毎日多数のドードーを捕まえていたことを明らかにしている(2)(Hume 2006:80)。

しかしながら、人間が島にやってきてからドードーが直面した問題でもっとも深刻だったのは、人間と船旅を共にしてきた他の動物種だったようだ。なかでも筆頭に挙げられるのは——少なくとも年代的に真っ先に来るのは——クマネズミ(*Rattus rattus*)だろう。ヨーロッパ船が停泊した土地では頻繁に見られたように、モーリシャス島においても、ネズミは早くから、破壊的な勢いで上陸していた。それまで身を守る必要がほとんどなかったドードーの卵や小さなひなは、ネズミにとって格好の食料となった。少しあとの一七世紀初頭には、クマネズミ以外の動物種が持ち込まれた。特に有名なのは、カニクイザル、ヤギ、ウシ、ブタ、シカなどである。こうした動物はすべて、捕食者や食料獲得のライバル、あるいはその両方として、ドードーの減少に一役買ったと思われる(Hume 2006:83)。

モーリシャス島を訪れた人で、ドードーを目撃したと報告したのは、一六八〇年代以降(おそらくはもう少し前から)一人もいない。そして、あらゆる証拠が、一七世紀の終わりまでにこの種が絶滅したことを示唆している(Hume, Martill, and Dewdney 2004)。何千年ものあいだ平和に果実をついばんでいたドードーは、突如としてヨーロッパ文化を突きつけられ、あっという間にこの世界からはじき出されてしまったのだ。

人間が主な原因となって絶滅した種は、なにもドードーが最初というわけではない。しかしこの鳥は、私たちが絶滅について語るとき、独自の象徴的な位置を占めるようになった。ドードーと、それがたどった生物学的な過程は、奇しくも同義語になってしまった。これから会う人に、ドードーについて何か知っているかと尋ねまわったとしよう。なかには、その鳥がモーリシャス島にいたこと、あるいは飛べない鳥だったと答えられる人もいるだろう。だが、ドードーが絶滅した鳥だということは、おそらく全員が知っているに違いない。「死に絶えて久しい《デッド・アズ・ア・ドードー》」――それ以外に、この鳥について私たちが思い浮かべることは、ほとんどなさそうである。

　こんな事態に陥ってしまったのは、この種に関して確実にわかっている事柄がきわめて限られていることが大きい。しかし、ドードーと絶滅が密接に結びついたのには、他にもう一つ理由がある。それは、この鳥が歴史的記述に登場した経緯だ。ビバリー・スターンズとスティーブン・スターンズによると、ドードーは「その絶滅が人間によって引き起こされたと（文書において）認められた最初の種」という、あまりありがたくない栄誉に浴している[3]（Stearns 1999:17; Quammen 1996:277）。

　ドードーが本当に人間によって滅ぼされたと記録された最初の種だったのか、私に確証はない。しかし、たとえ初めてではなくとも、最初期の一種だったのは疑いがないところだ。ドードーの絶滅は、一部のヨーロッパの探検家や入植者が、自分の訪れた土地、なかんずく小さな島々の環境に自分たちが大きな影響を与えていると徐々に気がついていくなかで生じた出来事だった。その重要な一例として引き合いに出されたのが当時のモーリシャス島だったと、環境史家のリチャード・グローブは指摘している。森林が伐採され、動物資源や鉱物資源が急減するにつれ、「資本主義と植民地支配が生態系に影響を及ぼしているという共通した認識が生まれはじめた」のである（Grove 1992:42）。だがモーリシャス島では、その動きはあまりに小規模で、しかも表面化するのが遅すぎた。そのためドードーだけでなく、同じ時期に他の多くの種が姿を消すことになった。

かくしてドードーは、人間の活動によって絶滅に追いやられた種として記述されるようになった。ドードーがたどった運命は、人間の活動が動植物の個体を——ときに数千という単位で——殺すだけでなく、種全体の「生の様式（way of life）」にも終焉をもたらす場合があるという歴史認識の始まりと奇しくも結びついた。そしてこの歴史認識を通じて、私たちは、種の喪失を人間が深く関与するものとして理解し、語ることが可能になった。種の喪失には、因果関係の面においても、感情的な面においても、また間違いなく倫理的な面においても、人間が関わっていることに気づいたのだ。これは、私たちがドードーから受け継いだ悲しい遺産だと言えよう。

本書『絶滅へむかう鳥たち——絡まり合う生命と喪失の物語』は、人間がその出来事に関与したというかたちで「絶滅の物語」を語るという、今ではすっかり定着した伝統を引き継いでいる。この点を無視することはできない。しかしその一方で、本書は、そうしたありふれた物語を新しい方法で語り直そうとする試みでもある。具体的には、鳥の「絡まり合い（entanglement）」という概念を中心に据えて、絶滅に対する理解を掘り下げていくアプローチをとった。言い換えれば、本書は、鳥とその関係性についての本であり、世界に張り巡らされた相互作用の網の目について書かれた本である。生命は、その相互作用の網の目のなかで生まれ、成長し、最後には死んでゆく。生と死は、他者の存在がないところでは起こらない。肉体と死すべき運命をもった生物にとって、生と死は、関係性なくしては存在しえない出来事なのだ。同じことは、もちろん鳥の世界においても言える。そこで鳥たちは、人間をはじめとする他のさまざまな種との関係のなかに織り込まれている。そうした関係とは、共進化の関係であり、生態学的な従属関係だが、そこにはまた狭義の「生物学」には収まらない関係もある。学習と発達が促され、社会的慣習や文化が形づくられるのは、この「多種（multispecies）」間の絡まり合いの内部でのことだ。つまり、こうした関係こそが、生命とあらゆる生の様式の可能性を生み出している。絡まり合いという関係が重要なのはそのためだ。ただし、今の説明が妥当と言えるのは、何の問題もないときにすぎない。多くの種がこの世界から消え去っている今日のような時代には、絡まり合いは新たな意味を帯びることになる。

本書は五編の絶滅の物語で構成され、それぞれの物語では、絶滅の危機に瀕した鳥を一種ずつ取り上げている。先述したように、本書では鳥の「絡まり合い」に着目する。そうすることで、各章で取り上げた鳥たちがどのような存在か、私たち人間とは何者なのか、そして最終的には、この共有された世界において、好むと好まざるとにかかわらず、私たちがみな「一緒になる」（Haraway 2008）とはどういうことかについて、理解を深めていくつもりだ。絡まり合いというレンズを通して世界を見れば、鳥の消滅には、一般に思われているよりずっと多くの事柄が関わっていることがわかるだろう。そして、絶滅がもつさまざまな意味を新しい視点から理解できるようになるはずだ。一つの種、一つの進化系統、一つの生の様式がこの世界から消え去ったとき、本当は何が失われているのか？　その喪失は、それが起きた多種《マルチスピーシーズ》コミュニティ――人間とそれ以外の生物からなるコミュニティ、生者と死者からなるコミュニティ――内において、どのような意味をもつのか？　絶滅の主因、あるいは原因の一つであると同時に、保護の担い手でもあり、他の生物と同じように環境変化の不安定さにさらされている人間の生活が、現代に占める複雑な立場をどう考えればいいのか？

本書では、絡まり合いに焦点を絞ることで、「人間例外主義」という固定化したパターンに基づいた絶滅の理解とは、別の理解を提示することを目的としている。人間例外主義は、人間を、他のどんな動物とも、また人間以外の「自然」界とも根本的に異なった存在として提示する（第2章と第5章を参照）。だが、この文脈に従うかぎり、私たちは絶滅を「向こう側」、つまり「自然」の側で起こるものと見るほかない。それに対して本書が採用するアプローチは、人間が、個人として、コミュニティとして、種として、消えゆく他者の生活にいかに関与しているのか、そのさまざまな関与のかたちに着目することを出発点としている。鳥の絡まり合いに着目することは、人間例外主義の信奉者が用いる枠組みを揺さぶり、新しい種類の問いを提起する――絶滅は私たちに何を教えるのか、私たちをいかに作り変えるのか、私たちに何を要求するのか、という問いである。最後の問いは特に重要だろう。つまるところ、本書は倫理に関する幅広い疑問につながっている。「絶滅の縁（edge of extinction）」にあるとき、鳥と人間はどのような関係を結べるのか？　消えゆく種をケアするとはどういった意味なのか？　自分たち以外の生物のための場所を確保するにあたって、私たちはどのような義務を負っているのか？

絶滅の時代に分け入って

悲しむべきことに、現時点で絶滅は人々の大きな関心を呼ぶトピックではない。しかしながら私は、未来のある時期において、絶滅は他の少数のトピックと並んで、私たちの時代の中心的なテーマだったと理解されるのではないかと思っている（もちろん、そのときに人類がまだ存続していればの話だが）。もしかすると、現代を定義づける特徴として受け取られることさえあるかもしれない。私たちは、生物の多様性が地球から大きく損なわれていくのを目撃した世代である。そしてまた、この惑星を共有している生物たち、私たちと密接に絡まり合い、共進化した生物たちの意味をいまだ十分に理解せず、敬意を払っていない世代でもある。

生物学者や古生物学者のなかには、現代が六度目の大量絶滅期にあたると指摘する者もいるし（Kingsford et al. 2009）、まだ絶滅期ではないが、そこにいたる途上にあると主張する者もいる（Barnosky et al. 2011）。過去の大量絶滅、たとえば白亜紀末（約六五〇〇万年前）の恐竜の絶滅や、それより規模が大きかったペルム紀末（約二億五〇〇〇万年前）の絶滅では、種全体の七五パーセント以上が失われたと考えられている（Jablonski and Chaloner 1994; Raup and Sepkoski 1982）。これまでの五度の大量絶滅、すなわち「ビッグ・ファイブ」では、隕石の衝突や火山の噴火など地球規模の環境変化が原因として挙げられているが、次に起こる大量絶滅期の原因が人間となることは、悲劇的なまでに明らかだろう。実際、現在も続く種の喪失は、以下のような人間の諸活動が重なり合って、直接的、間接的にもたらされている。すなわち、生息地の破壊、外来種の繁殖、動植物の直接的な搾取および狩猟、新しい化学

物質や有毒物質の無分別な導入、近年存在感を増している気候変動のさまざまな影響などが、それである。(4)

種の喪失が今日どれほどの規模で生じているかは明らかになっておらず、正確な数値も決して計算できるものではないだろう。生物学者のリチャード・プライマックによると、現在の種の絶滅率は、通常の背景絶滅〔自然選択等によって日常的に起きている絶滅〕に比べて、およそ一〇〇〜一〇〇〇倍になる可能性が高いと推定されている(5)(Primack 1993)。また、私たちは現在、生物種全体の三分の一から三分の二を失う過程にあると主張する科学者もいる(Myers and Knoll 2001:5389)。このように種の喪失は広範囲に生じているが、なかでも特に深刻な打撃を受けている分類群がある。たとえば、カエルやサンショウウオなどの両生類は、とりわけ危険な状態にあると見られている。そのおよそ三分の一が、現在絶滅の危機に瀕しているか、あるいはすでに絶滅してしまったと考えられているからだ(Stuart et al. 2008)。

鳥類もまた、絶滅の大きな痛手をこうむっている。過去五〇〇年間において、公式に絶滅したとされる鳥は一五三種にのぼる(Birdlife International 2008:4)。しかし実際の数は、それよりもはるかに多いだろう。レッドリストにおいて「絶滅寸前」と分類されている種のなかには、すでに絶滅してしまったものも含まれるだろうし、何の記録も残されないまま絶滅してしまった種もあるはずだからだ。今日、存在が知られている鳥類の八種に一種が絶滅の危機にさらされていると推定され、科によっては、その割合がずっと高いものもある(Birdlife International 2008:5)。例を挙げれば、アホウドリ科では、そこに属する種の八二パーセントが絶滅の危機にある(第1章を参照)。

　また、鳥のなかでも島嶼部《とうしょぶ》に生息するものは、さらに状況が悪い。生息地が島に限られている鳥は、全体のわずか二〇パーセントにすぎないが、絶滅が記録されている鳥のうち、約九〇パーセントが島に暮らす鳥だったのである（Quammen 1996:264）。たとえば、本書は太平洋とその周辺地域に浮かぶ島々を主な舞台としているが、そうした島に相次いで定着（および入植、占領）した人間は、多くの犠牲を生み出す原因となった（Steadman 2006）。生物学者のジョン・マーズラフは、次のように端的に述べている。「我々は千年あまりの間に、熱帯太平洋の緑豊かな島々に暮らす鳥類のうち、半分以上の種を消滅させた」（Marzluff 2005:256）。しかしながら、現代という喪失の時代が進んでいくにつれ、島ではない大陸に暮らす鳥たちもまた、次第に絶滅の危機にさらされるようになった。そこには、かつてはごくありふれた存在とみなされていた種も含まれ、第2章で取り上げるインドのハゲワシもその一例である。

　私たちは、ドードーからリョコウバト（*Ectopistes migratorius*）、キングアイランドエミュー（*Dromaius ater*）にいたるまで、過去に絶滅した種を知っている。しかし、それにもかかわらず、現在のこの状況に関する知識は、どこまでも部分的なものだと言わざるをえない。理由は単純だ。この「絶滅の時代」（Rose and van Dooren 2011）において、瀬戸際に追い詰められている種の総数はあまりに多く、私たちの把握能力を圧倒しているからである。今どれほどの種が失われようとしているのか、私たちにはわからない。そもそも、この地球にどれくらいの種が暮らしているのかすら確かなことは言えないのだ。全体の数さえ把握していないのに、どうして絶滅する種の数がわかるというのか？　知名度が高く人気のある動植物が絶滅の危機にあるのならば、そうしたニュースを耳にすることもあるだろう。だがその陰で、それほどの知名度をもたない無数の種が、（現代科学や人間に）完全に無視され、気づかれないまま放置されている。[6] 生物学者のブルース・ウィルコックスは、「絶滅危惧種あるいは絶滅種として記述された種の少なくとも一〇〇倍以上の動植物が、記録もされぬまま消え去っているはずだ」と指摘している（Wilcox 1988:ix）。

絶滅の物語をいきいきと語ること

このように種の喪失は途方もない規模で進行している。本書は、そうした喪失が及ぼす暗い影響の下で書かれ、その立ち位置から絶滅の本質について問いかけ、なぜ、どのようにそれが問題になるのかを検討している。また本書は、ただ一つの「絶滅」現象というものがあるのではないという確信に貫かれてもいる。そうではなく、絶滅では個々のケースにおいて、それぞれ独自の喪失、変化と困難、生の様式の解体が生じており、各状況や事例に応じた配慮が必要になると考えているのだ。私はこの本で、特定の鳥種の生と死を掘り下げ、それらの鳥がもつ「絡まり合った意味」を引き出そうと試みた。加えて、「生物学的」領域と「文化的」領域という二つの領域を同時に横断し、人間に限らず、さまざまな生物が他の生物の絶滅にどのように巻き込まれるかを検討している。絶滅の危険にさらされているのは、よく使われる狭義の意味での「生物多様性」だけではない。それよりずっと多くのものが危機に瀕している。種が「絶滅の縁」に近づき、その縁の向こう側へと消えていく過程では、人間あるいは「人間以上の存在（more-than-human）」の生の様式、言語、他者の死を悼み他者と共にある方法、さらには暮らしの手段や、多様な文化的、宗教的世界さえもが、しばしば問題に巻き込まれていく。

私は、この複雑性を掬《すく》い取るために「ナラティブ」という手段を選んだ——物語を用いることで、視点、解釈、時間性、可能性に対して、さまざまな選択肢を同時に残しておくことができると考えたからだ（Griffiths 2007）。本書が語るのは絶滅の影に覆われた生と死の物語だが、その語り口は「いきいき」としたものだ。[7] そのように語ることで、死者と死にゆく者に血肉を付与し、生命力と存在感を与えるとともに、本書の紙面、そして読者の心と生活に「厚み」をもたらす物語をつむごうと試みたのである。こうした作業は、いきおい学際的なものにならざるをえない。実際、本書で私が語る物語は、生物学、生態学、動物行動学の文献や、さまざまな分野の研究者のインタビューや対話に基づいている。自然科学を援用することで、消えゆく他者のあまり人目に触れることのない特性——そうした動物はいかに狩りをして繁殖するのか、どのように育児を行い死者を悼むのか、茫洋たる太平洋で、あるいは都市部の海岸線で、どうやって気ままに暮らしているのか——に対して、読者の好奇心を喚起したいと願っている。動物たちがいかに暮らしているのか、いかに暮らしていたのかに目を向ければ、誰しも自然の不思議さ《センス・オブ・ワンダー》を感じずにはいられないはずだ。

このように描き出すことで、動物たちはただの記号以上のものになる。絶滅危惧種の長いリストに掲載された、二語のラテン語からなる抽象的な学名ではなく、奥行きをもった尊い生の様式となるのだ。物語をいきいきと語るというアプローチは、絶滅の意味を十全に汲み取り、人間ならざる他者がただの「生命体（life forms）」ではなく「生のかたち（forms of life）」（Helmreich 2009:6-9）であると主張する、私の試みの中核をなすものだ。「生命体」と「生のかたち」という区別は、人類学者のステファン・ヘルムライクから借用した（Helmreich 2009）。ヘルムライクがこうした区別を設けたのは、それを生産的に利用して、さまざまな「生命体」と「生のかたち」との絡まり合いを追求するためだ。ここで生命体とは、生態学的関係のなかに置かれた有機体のことであり、生のかたちとは、ルートヴィヒ・ウィトゲンシュタインを経由したヘルムライクの理解によると、「人間の共同体を組織する、文化的、社会的、象徴的、実際的な思考様式および行動様式」のことである（Helmreich 2009:6）。しかしながら、人間とそれ以外の生物の間にわざわざ線を引き、対象を人間の共同体に限定しなければならない理由はどこにもないだろう。したがって本書で取り上げる物語では、地球に生息し、絶滅に近づきつつある多くの人間以外の「生命体」のために生まれた、そして生まれる可能性のある「生のかたち」に特別な関心が払われている。第1章で詳述するが、このように鳥（とその他の生物）を、生のかたち、あるいは生の様式を伴った生命体として理解することは、種を「空の飛び方／飛行経路（flight ways）」とみなす私の見解の根幹をなしている。

ここで断っておくが、こうしたテーマを扱うのに自然科学という視点を用いるのは、鳥の生と死を理解する唯一の方法ではないのはもちろん、必ずしも最良の方法というわけでもない。にもかかわらず、自然科学の研究成果が授けてくれた知の方法は、私自身の世界観や、私が考える絶滅の意味に甚大な影響を与えている。だからこそ、私は自然科学の知見を利用することが、特定の生物の生命に、さらに豊かで十全な意味を付与することにつながると考える。この私のアプローチは、「人間以上の世界（more-than-human world）」に哲学的に関わるときは本物の好奇心を働かせよという、ダナ・ハラウェイの要請に真摯に従ったものだ。別の言い方をすれば、「一日が始まったときよりも終わったときに、より多くを知っていること」(Haraway 2008:36)を信条としたアプローチだと言える。

資料を読み、考え、インタビューやフィールドワークを行うなど、本書の執筆準備をしているうちに、私はそこで取り上げる種を新しい視点で見るようになっていた。どのケースにおいても、「より多くを知っていること」が、私たちをこれまでにない関係に引き込み、その結果、他者に対する新たな説明責任が生まれることに、私は驚かされた。たとえば、コガタペンギンとそれが営巣する海岸線の関係がもつ力学を少しずつ理解していくうちに、海岸線のような場所で人間が行う破壊的行為に対して、その倫理的な意味をこれまでとは違った重みで評価するようになった(第3章を参照)。また、ハワイガラスが生きる複雑な生態的、社会的関係を検討するうちに、島の森からハワイガラスが消えたことの意味を新たに考え直すにいたった(第5章を参照)。そして、真の配慮と関心が生まれるように消えゆく他者を紙の上に描写し、その生と死を提示するという単純な行為を通じて、それがもたらすかもしれない物語の倫理的な働きを認めるようになった。

このように物語を語ることの倫理について考えるうえで導きとなったのは、ショア(ホロコースト)に直面した人々のナラティブと証言に関する、ジェイムズ・ハトリーの仕事だった。彼の仕事に触れていると、書くという行為、あるいは説明をする、物語を語るという行為に求められる倫理について、否が応でも考えざるをえない。ハトリーは、他者をたんなる名前と数字へと還元してしまうアプローチや、「事実」の公平で「客観的」な記述の代わりに、証言という形式に賛意を示す。ここでいう証言とは、これから語ろうとする物語の主人公に対する義務として、最初から把握され、主張されているものだ。この考えは、私たちの物語が、他者の死や苦難の目撃者、証人として機能するときに、特に当てはまるだろう（Hatley 2000:114）。絶滅という文脈で考えるなら、こうした種類の物語は、それが置かれた状況の真実を覆い隠すのではなく、個体数やデータに還元できない真実をはっきりと提示するものとなる。それを語るときに現れる、豊穣で、いきいきとした真実は、私たちにより大きな説明責任を感じさせるかもしれない（van Dooren 2010, Smith 2001:368）。ウィリアム・クロノンがいみじくも述べているように、「優れた物語は、私たちに関心を抱かせる」のである（Cronon 1992:1374）。

　かくして物語は、既存の関係を説明すると同時に、私たちと他者とをこれまでにない方法で結びつけるようになる。物語は、ただの記述ではありえない——私たちは物語によって生きるのであり、だとすれば、それは逃れようもなく、私たちが共有する世界の形成に深く寄与するほかない。これは、「現実の」世界と「語られた」世界をはっきりと簡明直截に区別する態度に逆らう理解だ（Kearney 2002:133-34）。私は、語りというものを、世界を「物語る（story）」動的な行為とみなしている。語りは「生きられた経験」と絶対に切り離すことができず、「そのようにあるもの（what is）」の現出にきわめて重要な役割を果たすと見ているのだ。物語は世界から生まれ、世界のことを知悉している。ハラウェイが指摘しているとおり、「『世界』は動詞」であり、それゆえ、物語は「世界を構成《パターニング》するものであって、世界のなかにあるものではない。世界は容器ではない。それは様式の形成であり、危険な共作であり、思弁的な寓話化《ファビュレーション》なのである」（Haraway, forthcoming）。純粋な模写を志向した物語でさえ、「現実」に向けられた受動的な鏡では決してありえない。物語は世界の一部であり、その形成に参画するものだ。その結果、物語を語ることはいくつかの帰結をもたらす。私たちが新しいつながりへと引き込まれ、それに伴い、新しい説明責任と義務を負うようになることも、その帰結の一つである。

本書が語る／実践する鳥の物語は、それが伝える内容においても、形式においても「いきいき」としたものだ。言い換えれば、これまで続いてきたさまざまな生の様式への関与においても、また、より良い世界を目指そうという努力のなかで、生きることと死ぬことの既存のパターンに介入するものとして物語を成立させる試みにおいても、この物語は「いきいき」としているのである。

絶滅の縁

ここまで述べてきたように、本書は、絶滅の絡まり合った意味について考え、伝える物語をつむぎたいという思いに駆り立てられ、導かれ、生まれたものだ。そのため本書の関心の中心は、私たちがもっている絶滅の概念を拡張することにある。拡張された概念は、従来から支配的になりがちだった、白黒がはっきりした単純な絶滅観を乗り越えるものになるだろう。これまで慣習的になされてきた絶滅の理解では、種の最後の個体の死がその中心に置かれてきた。ある個体が本当にその種の最後の個体なのか否か、そう断言できることはほとんどない。しかしそれでも、私たちは普通、もしそれを確実に知った（知ることができた）ならば、絶滅が起きた瞬間を正確に特定できると信じて疑わない。リョコウバトのマーサは、一九一四年にシンシナティ動物園で死んだ。ポオウリ（ハワイミツスイ（*Melamprosops phaeosoma*））は、二〇〇三年に保全活動家たちのもとで死んだ。こうした事例が、個体の死であると同時に、慣習的な意味での「絶滅」だったことは、ほぼ間違いない。

もちろん、この理解には一片の真理が含まれている。最後の個体の死に際して、重要で深遠な何ごとかが生じたのだ。しかし、それにもかかわらず、個体の死という一度限りの事象では、絶滅がもつ広がりや意味を汲み取ることはできない。種の絶滅の判断があたかも、その種類／系統の個体が少なくとも一つこの世界に残存しているか否かのみを根拠になされるようなものだからだ。このような理解は、種を標本——博物館に飾られる代表的な「型」——へと還元し、種がもつ絡まり合った複雑性を見逃すことにつながる（第1章と第2章を参照）。何億羽もの鳥が、太陽さえ覆い隠すような巨大な群れとなって空を飛んでいく。リョコウバトのこうしたノマド的な生き方は、マーサが死んだ一九一四年には、すでに姿を消して久しかった。リョコウバトの数が次第に少なくなるにつれ、リョコウバトをリョコウバトたらしめていた、そのユニークな生の様式の社会面、行動面における多様性もまた損なわれていったはずである。同様に、マーサの死に先立つ数十年間には、人間やそれ以外の生物の生活、食料環境におけるリョコウバトの重要性は著しく低下していっただろうし、リョコウバトがその内部で進化し、生きてきた種どうしの関係も次第に崩壊していったに違いない[8]。

マーサの死だけに光を当てるならば、こうしたことはすべて見えなくなってしまう。一個体が動物園で自由に息を吸いつづけていれば、その種はなんとか「存続している」とみなされるかもしれない。しかし一方で、生命体と生のかたちが作り上げてきた、日頃私たちがあまり気がつくことのない絡まり合った関係は、ずっと以前にほどけて、切断されている。

動物園にいる鳥はすでに鳥ではなくなっている、と言いたいわけではない。当然のことながら、少なからぬ鳥が多様な環境に暮らし、生活条件の変化に適応している。「人間の」都市に居を定め、ときにその都市の形成に不可欠な存在ともなってきた多くの鳥、多くの動物が饒舌に示すように、種とは不変の生の様式ではないし、選択肢が一つしかないものでも、幅が狭いものでもない（Hinchliffe and Whatmore 2006; van Dooren and Rose 2012; Wolch 2002）。むしろ私が言いたいのは、しばしば暴力的破壊と苦痛が伴われる、絶滅において生じる喪失、変化、断絶を、単一の事象に還元してはならないということだ。最後の個体の死という事象は、絶滅という、もつれ合いながら継続する喪失のパターンのただなかに見られる、一つの喪失にすぎないと理解すべきだろう。

絶滅に対するこの理解は、もちろん、「絡まり合い」の概念への関心を土台としている。種というものが、他者と「共に何ものかになっていくこと（co-becoming）」の豊かなパターンのなかで、無数の世代が重ねてきた系統として理解されるとき（第1章を参照）、私たちは、この世界からの種の退場を、複雑かつ長期的なかたちで感受するほかない。本書は、こうした絡まり合いを真剣に受け取るべく、さまざまある「絶滅の縁」のうち、そのいくつかに焦点を絞っている。私は、生者と死者が混在するその領域で長い時間を過ごしているうちに、絶滅が明確な区切りをもつ単一の事象では決してないことを強く意識するようになった。それは、始まったかと思えば急速に展開し、やがて終わりを迎える。絶滅の縁は、むしろ「なだらかな」ことが多い。密接に絡まり合った生の様式は、最後の個体が死を迎えるはるか前からゆっくりとほどけていく。こうした解体の波紋は、その後も長い期間にわたって広がり、さまざまなかたちで生物たちを巻き込んでいくのだ（第2章を参照）。

これから明らかにしていくように、こうした「絶滅の縁」の場は決して一様なものではない。本書で論じる鳥たちもまた、私たちをそれぞれ異なる関係へと引きずり込んでいく。たとえば、ある絶滅の縁の場では、プラスチックなどの有毒物質を体内に取り込むことで、毎年大量のアホウドリのひなが死んでいる。他の場では、かつての営巣地だった消えゆく海岸線に律儀に戻ってくるペンギンと、その場所を新たに住居と定めた人間やイヌなどの間で、争いが生まれている。ハワイガラスに目を向ければ、それはこれから起こりうる、そして実際に起きている悲しみと悼みの場であり、そこでは他者の死が、共有された世界における私たちの位置を学び直すための強力な機会として供される。こうしたケースの多くでは、消えゆく種を保護しようとする人間の積極的な介入を通じて、絶滅の縁が意図的に平坦化され、引き伸ばされてもいる。つまり種は、人間の働きかけによって、それがなければ絶滅していたであろう時期より、数十年長くこの世界にとどまることになる。それゆえ絶滅の縁の場は、苦しみ、死、喪失の場であるばかりでなく、今では多くの場合、大きな希望と献身的なケアの場にもなっていると言えよう。これに関連して、第4章では、環境保全の試みのなかで絶滅の縁が平坦化される仕組みについて考察し、その象徴的な存在としてアメリカシロヅルを取り上げる。そこで私が特別な関心を向けているのは、暴力とケア、抑圧と希望という奇妙な並置が、「絶滅のなだらかな縁」にある飼育下のツル（および同じ状態にある多くの種）の生と死を特徴づけている、ということだ。

いうなれば、このような絶滅の縁は、多様で、複雑で、対立を含んだ場であり、そこでは、「絶滅危惧種」だけではなく、あらゆる種の生と死の可能性が更新され、それに伴い、多数の種が織りなすさまざまな関係、コミュニティが生まれているのである。

本書の構成

本書が採用するアプローチは、アニマル・スタディーズと環境人文学という、二つの新しい学問領域で進行中の議論のなかに位置づけられるものだ。アニマル・スタディーズと環境人文学は、どちらも徹頭徹尾、学際的なもので、そこでは人文科学と社会科学が自然科学の議論に加わっている。本書は、この二つの新しい学問領域の両方に寄与し、その間で交わされる対話の深化を促すことを目的としている。

五つの章は、それぞれ独立した話として読むことができる。ときに別の章の議論を参照する場合もあるが、少なくとも表面上は、独自のテーマを扱った、ほぼそれだけで完結した物語になっている。とはいえ、著者の意図を説明しておくならば、本書は、最初の章から順番どおりに読み進め、全体で一つの話として受け取ってもらうことを想定して書かれている。各章は、さりげなくも重要な点——読み進めるうちに明らかになることを期待している——において、それに先立つ章を足場にして築かれており、また、そこにいたるまでに詳しく検討した概念や約束事を周知の前提としている。

第1章では、北太平洋のミッドウェー島に生息するクロアシアホウドリ（*Phoebastria nigripes*）とコアホウドリ（*P. immutabilis*）の苦境について詳しく見る。ここで着目するのは、幼鳥が飛べるようになるまで無事に育て上げること、言い換えれば、ひなの巣立ちという難事業である。その過程で親鳥に課せられる試練には、つがいの強いつながりを形成すること、卵を産み、抱いて温めること、腹を空かせたひなの餌をさがすために、数か月にわたり島と海とを何度も行き来することが挙げられる。こうした過程の説明を通じて、種とは何かについての特に深い理解、この世界で世代を継続させるために必要な時間、エネルギー、労働に焦点を絞った理解を提示するつもりだ。このような視点に立つと、種が途方もない「成果」だということがわかる。種とは、数百万年におよぶ進化の歴史を通じて、一つひとつの世代を積み重ねてきた結果と言えるからだ。しかし現代になると、人間社会が循環させる廃棄物によって、アホウドリという種の連続性が脅かされ、繁殖可能な鳥や幼鳥が傷つき、殺されるようになった。この章では、そのような邂逅の場――鳥の日常生活、ひいてはその種の未来が、残留性の汚染物質や、永遠に残りつづけるプラスチックと交差する場――が包含する、多様な時間性についても検討する。さまざまな存在がそれぞれにもつ多様な時間の地平がどのようなもので、それがどう重なり合っているのかを真剣に考えるのは困難な仕事だ。しかし、それを行うことで、私たちは絶滅によって失われるものの広がりを実感し、この世界に対する、より大きくて新しい責任に気づくようになる。この章では、そうしたプロセスについても見ていくことになる。

第2章では、今日のインドにおける、一般的なハゲワシとそれ以外の動物（人間やウシなど）との絡まり合いについて考察する。その際、特に重点を置いたのは、「人間以上の世界」での相互作用の内側において、生活や生計の手段がどのように可能になるかという点だ。インドのハゲワシに関して言えば、絶滅に急速に近づいているため、状況はより入り組んだものになっている。ハゲワシが従来の関係を維持できなくなると、他の多くの生き物の生活にも困難が生じたり、継続不能になったりする――それが人間の生活であれば、貧しい農村コミュニティにしわ寄せが集中するケースが非常に多い。こうした視点から、この章では「絶滅のなだらかな縁」という概念を取り上げ、複数の種が互いに依存関係にあるなかで、種によって苦しみにさらされる度合いが違うという、その不平等について考える。このテーマは、現代という絶滅の時代、気候や環境が大きく変化する時代により深く突入するにつれ、重要性をますます高めていくに違いない。

第3章では、ペンギンのとある小さなコロニーの物語を取り上げる。舞台は、オーストラリアでも屈指の物流量を誇るシドニー湾、その入口から少し入ったところに見つかるコロニーだ。そこに暮らすコガタペンギン(*Eudyptula minor*)は、世界でもっとも小さい部類のペンギンで、体長は約一フィート(三〇センチメートル)、体重は約二ポンド(一キログラム)しかない。コガタペンギンは、オーストラリア本土に営巣する数少ないペンギンの一つであり、ニューサウスウェールズ州にいたっては唯一の種である。毎年およそ八か月間、このペンギンはシドニー湾に戻ってきて、さまざまな場所に上陸しては、卵を産み、ひなを育てる。しかしその住処《すみか》は、都市開発とそれに伴う明かり、騒音、混乱(とりわけペットのイヌによる捕食)によって、現在失われつつある。この章ではさらに、「フィロパトリー」あるいは「営巣地固執性」と呼ばれる、ペンギンが特定の繁殖地に拘泥する性質についても考察する。環境が変化し、危険が増えつづけているのにもかかわらず、ペンギンたちは毎年同じ場所へと戻ってくる。この章では、これらの繁殖地を、ペンギンに歴史と意味を与える「物語られる場所(storied-place)」として理解することを提案する。そうすることで、ペンギン(やその他の生物)が、ある重要な意味において結びついている場所を破壊することの倫理的な意味について考えられるようになるだろう。この章は次のように問いかけている——ペンギンや人間以外の動物が物語り、場所を作ることに対して新しい感受性をもつことは、どのような種類の倫理的義務を生み出すだろうか?

第4章では、北アメリカの環境保全プログラムのなかでも特に歴史の古い、アメリカシロヅル（*Grus americana*）の保全活動に光を当てる。アメリカとカナダの保全活動家たちは、アメリカシロヅルと、その鳥が冬や夏を過ごす土地を守る活動を四〇年以上にわたって続けてきた。これは、多くの側面から見て、保全活動家が種を絶滅の縁から引き戻した、ケアと成功の物語だと言える――二〇世紀初頭に二〇羽まで減少したこの鳥は、今日では約六〇〇羽まで回復しているのだ。ここでは、この保全活動の物語を、飼育下繁殖と放鳥のプログラムの詳細を通じて考える。このプログラムは入念に企図されたもので、その終盤では、超軽量のグライダーを利用して若鳥に新しい渡りのルートを教える訓練もなされている。私が特に関心を寄せているのは、この活動の中心に見られるケアと暴力の奇妙な並置、および今日育まれている人間とツルの関係の倫理的次元である。アメリカシロヅルの新しい個体群が世界に舞い戻るために、誰が苦しみ、誰が死んでいるのか？　ある存在の生命が他の存在のために犠牲になるには、どのような根拠があるのか？　このような入り組んだ困難な状況に身を置き、その状況を検証するための協調的な努力――「困難と共にとどまること（staying with the trouble）」（Haraway, forthcoming）――は、より倫理的な保全活動への道を開くことにつながるのか？

第5章では、再び太平洋の中心部に目を向け、ハワイの固有種であるハワイガラス（*Corvus hawaiiensis*）に光を当てる。このカラスの最後の野生個体が死んだのは、二〇〇二年のことである。ハワイガラスは、森林に暮らし果実を主な食料としていたが、地域の森林環境の悪化、捕食される機会の増加、病気の侵入により、重大な影響を受けてきた。この章では、カラスが同種の個体の死に対してどのような反応を示すかについて書かれた、動物行動学のわずかな文献について考える。西洋では、これまで多くの思想家が、死に対する動物の反応や理解を一つの根拠として、「人間」と「動物」とを区別する二元論を展開してきた。この二元論的思考は、世界を「私たち人間」と「それ以外」に切り分けて固定する「人間例外主義」の中心に横たわっているものだ。この思想が一つの原因となって、私たちは、絶滅の時代に生じている途方もない喪失に突き動かされることも、種の絶えざる死を悼むこともできなくなっている。この章では、こうした伝統とは対照的に、カラスの悲嘆を真剣に受け取ることで、人間例外主義という私たちの認識の土台を揺るがす可能性について検討する。その際は、人間と他の社会性動物との間に見られる進化的連続性と、「人間以上の世界」における生態学的な絡まり合いに特に着目する。このように、悲嘆するカラスについての物語を語ることは、それ自体が絶滅を悼む行為となるかもしれない。この悼みの様式は、人間の独自性を告げるのではなく、人間例外主義を解体するように働き、人間を含む世界の喪失や、現代という絶滅の時代を作り上げる無数の死をカラスや他の生物と共に嘆くよう、私たちを導くことだろう。

本書は、こうした鳥のケーススタディの一つひとつを通じて、新しい語りの方法について考えを深めていく。それは最終的に、物語の必要性、急速に変わっていく世界における私たちの立つべき位置と義務を言葉で表す新しい方法の必要性を浮かび上がらせることだろう。

第１章　アホウドリの巣立ち

——空の飛び方と無駄にされた世代

ミッドウェー島でひなの誕生を待つコアホウドリのつがい
(David Patte/U.S. Fish and Wildlife Service; CC BY 2.0)

アホウドリの生息地は、とても人間が暮らせるような場所ではなく、まるで水の惑星の中心にあるかのように感じられる何もない島々だ。それにもかかわらず、人間は、その鳥がいる場所なら、どことでもつながっている。

――カール・サフィナ「アホウドリの翼」

北太平洋の中央、ハワイ諸島の北西端には、小規模な礁《リーフ》に囲まれた、サンゴと砂からなる小島が点々と浮かんでいる。見渡すかぎりの海と空のただなかにあるそのわずかな陸地が、ミッドウェー島（ミッドウェー環礁）である。その島は、アメリカ合衆国と日本のおおよそ中間地点に位置し、大陸からは考えうるかぎりもっとも遠い。ある程度の人口を擁する土地のなかではもっとも近いハワイからでさえ、一二〇〇マイル（一九三〇キロメートル）以上離れている（USFWS 2012）。ミッドウェー島には毎年さまざまな鳥が繁殖のために飛来し、その数と種類は目眩をもよおすほど多い。本章で取り上げるコアホウドリ（*Phoebastria immutabilis*）とクロアシアホウドリ（*P. nigripes*）も、そうした鳥たちの仲間である。太平洋のただなかという、少なくとも人間の視点からすれば周囲から極度に隔絶された場所で、この鳥たちは卵を産み、ひなを見守る。しかし、こんな場所にでも人間の活動のさざ波は到達し、鳥たちの暮らしに大きな影響を与えている。

人間の諸活動は、ミッドウェー島をはじめとする太平洋の多くの島々に影響を与えてきた。ここ数十年で特に目につくようになったのが、さまざまな形状やサイズのプラスチック製品の存在である。世界の海洋を循環するプラスチックの量は増加の一途をたどり、多くの海洋動物が、それを飲み込んだり、からまったりすることで、深刻なリスクに直面している（Gregory 2009）。ミッドウェー島のアホウドリも例外ではない。ひなに与える餌を求めて空や海へと向かうアホウドリは、必ずと言っていいほどプラスチック類を持ち帰る。食べ物と勘違いしたり、好みの食べ物（魚卵の塊など）に付着していたりするためだ。こうして集められたプラスチックは、腹を空かせて待っていたひなの口に入れられ、体内に蓄積し、栄養不良、脱水症状、飢餓などの健康問題を引き起こす原因になる。このようなプラスチックの摂取は世界中で問題になっているが、北太平洋では多くの点で際立っている。特にコアホウドリは、「他のどんな海鳥よりもプラスチック摂取の頻度が高く、その種類も量も多い」と考えられている（Auman, Ludwig, Giesy, et al. 1997:239; De Roy, Jones, and Fitter 2008）。

今この瞬間も、プラスチック等の有害な化学物質は世界中の海を漂流し、アホウドリの体内に蓄積しつづけている。この状況は、個々のアホウドリの生命ばかりでなく、種全体の未来をも脅かすものだ。

こうした暴力と将来起こり得る喪失を背景に、本章では、種を「空の飛び方／飛行経路」とみなすことで、その理解を深めていこうと試みる。この理解は、種の「身体化された時間性（embodied temporality）」（Rose 2012b）に重点を置いたもので、進化する「生の様式」としての種に注意を払うよう私たちを促す。「生の様式」とは、脈々と命をつないできた各世代の生物の働きを通じて、共有され、生み出され、育まれてきたものだ。しかし、こうした視点でものごとを見るには、通常とはまったく異なる時間の地平に立つことを要求される。具体的に言えば、種について考えるとき、私たちは、それが数百万年にわたって連綿と広がりつづけてきた長大な進化系統であることを認識すると同時に、そうした種の連続性を可能にし、またその一部でもある、はかない個々の鳥たちも目を離さずにいる必要があるということだ。

問題となる時間の枠組みは、いま挙げたものだけではない。本章ではその他にも、永遠に残存するように思えるプラスチックの寿命、残留性有機汚染物質の半減期、人類種（今日の大量絶滅時代の意図せぬ立役者）の進化、他のさまざまな生き物やプロセスについて検討する。こうしたものはすべて、著しく異なる時間の地平で生起するものだ。そして、それらの期間や可能性が分岐し重なり合いながら、乱雑なかたちで一堂に会するとき、多くの存在が危険にさらされることになる。このことは、アホウドリだけでなく、人間にとっても、また共進化した生命――アホウドリも私たち人間も含まれる――が属する大きなコミュニティにとっても重要な問題である。

このような複雑な時間性に注意を払うことで、私たちは、ある生の様式が終焉を迎えることの意味をより深く理解できるようになるだろう。さらに重要なことに、時間性への注目は、私たちを新しいつながり、ひいては新たな責任に引き込み（Bastian 2013）、他の種のための場所を確保するという倫理的な要求を突きつけもする。この文脈で考えるなら、アホウドリの物語を語ることは、まったく異なる時間と場所を一つにまとめあげる試みだと言えよう。ただしその際は、均質で秩序だった何かにまとめるのではなく、複雑であることを恐れず、その複雑さのなかに倫理的に身を置くようにすべきである。種の喪失が途方もない規模で進行している今、私たちは、餌を求めて風に乗るアホウドリのように、遠くまですばやく旅をする物語を必要としている。よしんばそれが難しくとも、広大な海洋と大気のシステムを利用して移動するプラスチックや他の汚染物質よりも速く、遠くまで、旅をする物語が必要だ。私たちの物語は、人間と過去から続く廃棄物の影響を再び結びつけ、アホウドリやそれと絡まり合うあらゆる種の未来に変化をもたらすものでなくてはならない。

海をさすらう

アホウドリ科の鳥は、外洋性の海鳥のなかでもきわめて種類が豊富な鳥である。そしてこの鳥は、多くの海鳥が海岸沿いを主な生活の場にしているのとは異なり、一生のほとんどをはるか沖合の海上で過ごす[1]。アホウドリはノマドのようにさすらう漂鳥だ。しばしば「放浪者《ワンダラー》」とも呼ばれ、広大な海原を日々悠々と渡っている。「大きな海に暮らす大きな鳥、アホウドリは、時間と空間を存分に使って、のびのびとした大きな生活を送り、どこまでも続くように見える海の果てまで旅をする」(Safina 2008:20)。また、アホウドリは一日に数百マイルの距離を移動するのが普通で、もっと長い距離を飛んだ例も少なからず記録されている。

アホウドリの平均移動速度は、時速三〇～八〇マイル(五〇～八〇キロメートル)とされる(Lindsey 2008:68-69)。それなりに目を引く速度だが、より印象的なのは、長い時間移動しつづけるためにこの鳥が採用している手段だろう。この手段こそが、広大な範囲を飛びまわるアホウドリの能力の鍵となっている。多くの鳥、とりわけ「渡り」を行う種は、短い期間で長い距離を移動できるが、一般にそうした移動は頻繁ではない。他方、アホウドリの移動は連日行われる（Lindsey 2008:69）。アホウドリは、一生のおよそ九五パーセントを海上で過ごすと考えられているが、その大半の時間は飛行に費やされ、絶えず姿を変える海原のすぐ上を滑空している（Safina 2008:21）。

長時間にわたり疲弊することなく飛行するにあたって、アホウドリは、可能なかぎり羽ばたきを少なくし、その代わりに風の力を借りて滞空状態を維持している。風の力を利用することで、身体や翼の向きをほんの少し調整するだけで、ほとんど何の負担もなく、シーソーのように上下する海面の上を滑空できるのだ（この飛行法は「ダイナミックソアリング」と呼ばれる(2)）。生物学者のスコット・シェイファーは、「アホウドリの体制《ボディプラン》は、最小限の労力で高速滑空能力が最大化するように完璧に設計されている」と述べている（Shaffer 2008:153）。

いま見たように、アホウドリは風と波の世界に適応し、すっかり馴染んでいるが、だからといって、陸地とのつながりが失われたわけではない。産卵と子育てのために毎年戻ってくる必要があるという点で、依然としてしっかりと結びついているのだ(3)。ミッドウェー島は、クロアシアホウドリとコアホウドリにとって特に重要な繁殖地である。どちらもこの島では圧倒的な個体数を誇り、クロアシアホウドリは世界全体の三分の一以上、コアホウドリは三分の二以上の個体がそこで繁殖している。環礁に囲まれ、海抜が低く無防備な少数の小島に所狭しと並ぶそのコロニーは、両種の長期的な生存に不可欠なものだ。

ミッドウェー島で繁殖活動を行うアホウドリは、毎年ほぼ八か月にわたって、陸と海の往復を延々と繰り返す。陸では卵やひなの面倒を見て、海では数日から数週間かけて餌をさがすのである。アホウドリの繁殖期は、一一月もしくは一二月に卵を一個産んだあと、大きく三つに分かれる。まず、卵がかえるまでのおよそ二か月間、親鳥は、一方が陸で卵を温め、もう一方は海に出るという役割分担を交代で行う。陸に残る期間が二〇日以上になることも珍しくなく、水も餌も手に入らない親鳥は次第に痩せ細っていく。卵が無事にかえったあとは、状況はいっそう厳しくなる。孵化後のひなは数日にわたり温めてやる必要があり、さらにそれから約ひと月の間、かよわく小さなひなを保護しつづけなくてはならないからだ。その後、目を離すことができる程度にひなが大きくなると、親鳥は両方とも海に出て、成長中のひなに与えるために大量の餌をさがすようになる（Naughton, Romano, and Zimmerman 2007:3-4; Rice and Kenyon 1962）。

そこからの約五か月間、アホウドリの親鳥は広大な範囲を移動して餌を集めつづける。この時期に行われる移動は二種類ある。一つはミッドウェー島周辺の海域への短い移動、もう一つは遠い海域への二週間におよぶ長旅で、亜寒帯まで移動するケースも珍しくない（Fernandez et al. 2001; Hyrenbach, Fernandez, and Anderson 2002）。暖かい熱帯で子育てをしながら、遠方の冷たい海域の豊かな食料源を利用できるのは、長距離移動を苦にしないアホウドリの飛行法の賜物である。巣立ちの準備が終わる頃には、ひなは親鳥とほぼ同じ大きさになっている。繁殖期の長さ、移動距離、集める餌の量という視点から見れば、一匹のアホウドリのひなを無事に巣立たせるのにかかる労力は、すさまじいとしか形容しようがない。これについて鳥類学者のテレンス・リンジーは、より大型のワタリアホウドリ（*Diomedea exulans*）についてだが、「給餌行動における超人的な偉業」と表現している（Lindsey 2008:94）。

コアホウドリとクロアシアホウドリが、およそ五歳で性成熟に達してもすぐに繁殖しようとしないのは、子育てにこのような高い能力が要求されることが理由かもしれない。実際、大部分のアホウドリは性成熟後三〜四年は繁殖行動をとらず、なかにはもっと長い期間、繁殖を見合わせる個体もある（Naughton, Romano, and Zimmerman 2007:3; Rice and Kenyon 1962:520-21）。成長した若鳥たちは、この期間に、ひなを育てるのに必要な知識と技術を身につけるものと考えられる（Lindsey 2008:82）。

アホウドリの子育てを成功させるには、それぞれの親鳥が知識や技能をもっているだけでは不十分で、つがい間の強いつながりも必要とされる。繁殖期のどの段階においても、一羽の親鳥だけで、その過程を担うことはできない。もし片方の親鳥が死んだり、子育てを放棄したりすれば、ひなが巣立つ日は決してやってこないだろう。海に餌をさがしに行ったパートナーが戻らない場合、陸で抱卵中の親鳥は、それでも可能なかぎり卵を温めつづけるが（待機がひと月を超え、飢餓状態に陥ることもある）、最終的には卵を見捨てて、自分の食料をさがしに海へと向かわざるをえなくなる（Rice and Kenyon 1962:545）。卵がかえり、ひなを保護する必要がなくなったあとでも、親鳥が一羽しかいなければ、十分な餌を与えられず、ひなを健康に育て上げ、巣立たせることはできない。

それゆえ、アホウドリが繁殖に乗り出す前に、「並外れて堅牢で親密なパートナーシップを築くこと」（Lindsey 2008:82-83）に多くの時間を投資するのは、いたって当然のことだと言えよう。アホウドリの若鳥の多くは、三〜五歳になると、自分の生まれたコロニーへと戻りはじめるが、実際に繁殖を開始するのは、それから数年後のことだ。その間に、自分に合うパートナーを熱心にさがすのである。若鳥は繁殖期になるとミッドウェー島に戻り、互いにさえずったり、ダンスを披露したりしながら、つがいとなる相手を絞り込んでいき、最終的に一羽のパートナーを見つけ出す。こうして始まる「長い交際期間」は数年続くのが一般的で、ペアとして「付き合う」ことで、相互のつながりも強化されていく。とはいえ、そのときでも、「ダンスをし、ときには巣も作るが、繁殖は行わない(4)」という(Rice and Kenyon 1962:524)。

この念入りな求愛プロセスは、アホウドリの繁殖時期を先延ばしにする重要な機構の一つである。また、伴侶さがしに長い時間をかけることは、繁殖において二重の役割を果たしてもいる。すなわち、初めての繁殖の前に、成長する時間と、さらなる能力向上の余地を若鳥に与える役割。そして、必要な期間持ちこたえられるような、堅牢なパートナーシップを築き上げる役割である(Lindsey 2008:82)。

しかし、これだけ入念に準備をしていても、卵からかえったひなが、すべて無事に巣立つわけではない。脱水や飢餓によって多くが命を失うからだ(Sileo, Sievert, and Samuel 1990)。それ以外にも、高潮や砂嵐のような脅威が、ひなや卵を溺れさせたり、埋めてしまったりすることもある。極端なケースを挙げれば、二〇一一年三月に日本の東北地方を襲った地震による津波のように、何万羽という単位で若鳥の命を奪った事例もある(BBC 2011)。若鳥の最後の試練は、ようやく空を飛べるようになったときに訪れる。主要なコロニーの沿岸にはイタチザメが群れをなしており、初めての慣らし飛行に出て、上手に、あるいは不格好に着水した若鳥を飲み込もうと待ち構えているのだ。アホウドリの子育てはどの種であっても容易ではないが、無防備な砂地に営巣することが多いミッドウェー島のクロアシアホウドリの子育ては、そのなかでも特に困難を極める。孵化後の数か月間に、このアホウドリほど高い確率で捕食され、死亡する種はないと考えられている(Lindsey 2008:98)。

空の飛び方／飛行経路

アホウドリという種は、この苦難と危険に満ちた厳しい時期を幾度も乗り越えて、果てしない進化の時間を生き抜いてきた。アホウドリが、地球にいつ登場して、海上を吹き抜ける風に乗りはじめたのか、正確にはわかっていない。しかし、相当古い時代までさかのぼれるのは間違いないだろう。アホウドリやミズナギドリとみなせる化石記録は、いちばん古くて、およそ三二〇〇万年前のものが知られている。また、南極海で採集された九〇〇万年前の化石からは、その時代のアホウドリやミズナギドリが、すでに現在の形状にとても近いものであったことがわかっている（Jones 2008:143）。人類の影が現れるずっと以前、その何百万年も前から、アホウドリたちはこの大いなる青き惑星を滑空し、ダンスを踊り、魚を捕まえていたのである。

進化の歴史に視線を向けて、新しい世代が続いていくことの困難や複雑さに焦点を絞って生物の世界を見ていくと、私たちが「種」と呼ぶ存在が、途方もない「成果」であることがはっきりとわかる。世代の継続という隘路《あいろ》を通じて、文字どおり何百万ものアホウドリの世代が、次々にこの世界に送り込まれてきた。卵として産み落とされ、温められ、孵化し、親鳥に守られ、餌を与えられる。それからようやく空に飛び立ち、さらに広い世界へと第一歩を踏み出してきた。しかし、各世代で続けられてきたこのような営み――種を存続するのに求められる技能、献身、協力、勤勉さ、そしてセレンディピティ――の膨大な広がりが正当に評価されることはめったになく、そもそも私たちは、そうしたものを正確に把握することもできない。

私が、種を「空の飛び方／飛行経路」として理解するのは、世代を重ねて培われた成果が身体化されているという気づきがあってこそのことだ。こうした理解は、ダーウィンの登場をもって初めて可能になる。ダーウィンの進化論が切り開いた思考様式の中心にあるのは、固定された永久不変の「種類《カインド》」として種を理解するのをやめ、始まり（種分化）と避けられない終わり（絶滅）の間に伸延する歴史的系譜のようなものとして種を理解することである。[5] このように考えるとき、種は、進化の時間のなかの「動線」のようなものとして理解されなくてはならない。それは、中身のない空虚な軌道などではない。種の系統はそれぞれ特定の生の様式、言い換えれば、世代を通じて受け継がれてきた形態学的、行動的特性の集合を身体化している。[6] といっても、生の様式とは静的なものではない。種とは、今ある個体の総体である以上に、何かに「なる」——あるいは適応する、変容する——という、世代を通じて継続してきたプロセスに関わるものなのだ。そのとき個々の生物は、同じ生物学的分類に属する「構成員」ではなく、進化しつづける生の様式への「参加者」となる。

こうした視点から見ると、それぞれの鳥の個体は、新しく現れる系統の一つの結節点、世代間を結びつける重要な接続点と言うことができよう。生命の各世代とは、何もせずに生じるものではなく、な、し、と、げ、るものなのである。アホウドリの若鳥は、つがい間のつながりを強固なものにするために、多くの歳月を費やす。親鳥になると、数え切れないほどの遠出を行い、何千マイルも移動する。ひなを養うためには、魚卵、イカなどの餌を大量に持ち帰らなくてはならないからだ。これらはすべて、ある世代と次の世代を結びつけ、種を構成し保存する仕事である。ただし、ここで結びつけられているのは、抽象的な時間の地平としての「過去」や「未来」ではない。結びつけられているのは、現実

ミッドウェー島に営巣するコアホウドリの群れ
(David Patte/U.S. Fish and Wildlife Service; CC BY 2.0)

にある身体化された世代、すなわち祖先と子孫であって、その世代の間には、継承、養育、ケアという、豊かだが不完全な関係がある。こうした時間がもつ（時間における）結び目のことを、デボラ・バード・ローズは「身体化された時間の結節点」と呼んでいるが（Rose 2012b:128-31）、この結び目によって、それぞれの世代は次の世代へと、そして、その先に生じるであろう、より多様な「空の飛び方／飛行経路」へと接続されることになる。

無駄にされた世代

しかし今日では、コアホウドリやクロアシアホウドリをはじめ、非常に多くの種が終焉に近づきつつあるように見える。私たち人間の活動は、地球の生命システムに対して、絶えず拡大し循環しつづける影響と要求を突きつけている。こうした人間の進路と、アホウドリの進路が交差する場所では、現在見られるアホウドリの飛翔、そして次の世代を育むために行われるダンス、抱卵、給餌のすべてが中断されてしまうこともある。(7)

今日、北太平洋に暮らすアホウドリにとって最大の脅威は、餌のついた釣り針と釣り糸、つまり漁業者による意図せぬ「捕獲」だ（ついでに言えば、これは他の海洋でも同じである）。こうした偶発的な捕獲によってどれほどのコアホウドリとクロアシアホウドリが犠牲になっているか、その推計値には幅があるが、過去五〇年ほどを見れば、年間死亡数はそれぞれ六〇〇〇～一万羽程度と考えられている（Arata, Sievert, and Naughton 2009:14-15; Naughton, Romano, and Zimmerman 2007:10）。どちらのアホウドリも、本来は成鳥になってからの死亡率が低く、繁殖期を迎えるまでに時間もかかるため、こうしたかたちでの喪失は、種の存続の可能性に大きな影響を与えることだろう（Ludwig et al. 1998:229）。アホウドリが地球上で絶滅にもっとも近い鳥類となったのは、他のどんな脅威にもまして、人間の漁業活動による継続的、広範囲におよぶ影響が原因である(8)（De Roy, Jones, and Fitter 2008:149）。

しかし、ここまでも見てきたように、ミッドウェー島のアホウドリが直面している困難は、漁業による悪影響ばかりではない。ミッドウェー島のような、周囲から隔絶された繁殖地であっても、そこにいる鳥たちは、現代社会から漏れ出して循環する文明の残滓に痛々しくさらされているのだ。具体的には、本章の冒頭で触れたプラスチックのほか、ＤＤＴ（ジクロロジフェニルトリクロロエタン）や、ＰＣＢ（ポリ塩化ビフェニル）など、さまざまな残留性汚染物質にアホウドリはさらされている。これらの有害物質は、工業や農業の諸過程で排出された化学廃棄物であり、また、太平洋地域に暮らす人々の、使い捨て商品に頼った消費的なライフスタイルが生んだプラスチック廃棄物である。こうした廃棄物は、大気、河川、海、そして最終的には生物の身体を通じて循環、蓄積し、私たちの多くに大小さまざまな害を与えることになる。

近年では、海洋のプラスチック集積が時事問題としてますます取り沙汰されるようになった。プラスチックが特に集中している海域のうち、報道で名前をもっとも多く読みあげられたのは、いわゆる「北太平洋ゴミベルト」だろう。コアホウドリとクロアシアホウドリの採餌場の中心部はこの海域にある。とはいえ、「ベルト」という単語は、集積の様子を正確に表してはいない。ゴミベルトには、その名前がほのめかすように、容易に目に入るかたちでゴミがぎっしり浮かんでいるわけではないし、

「ベルト」という言葉で思い浮かべるような、明確な区切りもない。むしろゴミベルトとは、範囲が絶え間なく変わる広大な海域のことであり、そこに見つかる廃棄物の平均密度は通常よりも著しく高い。面積があまりに広いので、「第七の大陸」というもう一つの呼び名も、あながち荒唐無稽とは思えないほどだ（Scarponi 2012）。

この海域には、プラスチック等のゴミがさまざまな密度で漂っているが、その形成には、大きな海流だけでなく、小規模な海洋学的特徴も関わっている。海洋プラスチックにとってとりわけ重要な場所の一つが、南太平洋収束帯だ（Kubota 1994; Pichel et al. 2007）。ハワイ諸島のすぐ北に位置するこの海域には、太平洋沿岸のあちこちの国で廃棄されたと思われるプラスチック類が集まってくる（Donohue and Foley 2007）。

このように大量のゴミが海面近くに漂っているのであれば、プラスチック片などの廃棄物がアホウドリの腹のなかに収まることに何の驚きもない。この状況を鮮烈に捉えたのが、アメリカの写真家クリス・ジョーダンの一連の作品「ミッドウェー――環流からのメッセージ」である（Jordan 2009）。ジョーダンの作品では、アホウドリのひなの腐乱した死体が次から次へと写し出される。死体はすでに骨、羽、嘴《くちばし》だけになり、その真ん中にはライター、ペットボトルのキャップ、玩具の兵隊など、色とりどりのプラスチックの残骸が積み重なっている。これらの写真を見るかぎりでは、鳥たちがなぜ死んだのか、その原因は明らかなように思える。しかし意外なことに、プラスチックの摂取が直接の死因になったケース（たとえば、消化管穿孔など）は、実は非常に少ないという。むしろ体内に取り込まれたプラスチックは、脱水や飢餓（重たい「プラスチックの荷物」を抱えたひなが、健康維持に必要な量の餌を食べられなくなるのが原因）といった、一般的によく見られる重要な死因へとつながっているようだ（Auman, Ludwig, Giesy, et al. 1997; Safina 2007）。たとえ巣立ちまで生き延びた鳥であっても、食欲が抑えられていれば成長も鈍り、その結果、巣立ち時の体重、ひいては長期の生存率も低下してしまうだろう（Naughton, Romano, and Zimmerman 2007:14）。残念なことに、こうした間接的な死を検証する研究は、健康状態や生存率を比較するのに必要な、プラスチックに汚染されていない鳥を見つけるのが困難なため、実現が阻まれている（De Roy 2008）。この状況は、環境内やアホウドリの体内に蓄積するプラスチックの量が着実に増えつづけるにつれ、間違いなく悪化の一途をたどりつづけている（Auman, Ludwig, Giesy, et al. 1997:243）。

アホウドリの受難は卵のなかにいるときから始まる。卵の殻を破る前にも、ＰＣＢやＤＤＴといった、さまざまな残留性有機塩素にさらされているからだ。こうした化合物が鳥の身体に与える影響は広範囲にわたるが、多くは生殖プロセスに関わるものだ。ＰＣＢは、胚の死亡を招くことで鳥の繁殖力を低下させると同時に、神経の発達、内分泌機能、細胞の成長を阻害することが知られている。また、ＤＤＴとその代謝物は卵の殻を薄くし（Auman, Ludwig, Summer, et al. 1997）、親鳥が抱卵中に意図せず卵を割ってしまう事故につながる。同様の事故はアメリカのハクトウワシ（*Haliaeetus leucocephalus*）でも起きており、広く知られている。

私たちの工業社会が作り出した有害な残留物質は、河川を通じて海に流れ込んだり、大気に溶け込んだりして、環境内をいつまでも循環し、気温、風向き、海流、地形が偶然に選んだ不運な場所に集積していく。たしかに、ここ数十年は多くの地域で使用が禁止されてはいるが、こうした物質はいまだに環境に残存しつづけ、ときには同程度に有害な化合物に代謝される場合もある（たとえば、ＤＤＴはＤＤＥ〔ジクロロジフェニルエチレン〕になることがある）。生物は、残留物質が特に凝縮された場所でそれを摂取、吸収し、自らの脂肪組織に蓄積していく。こうなると、蓄積された残留物質は必然的に食物連鎖の各段階（栄養段階）を駆け上がり、そのたびに物質濃度は上昇することになる（このプロセスは「生物濃縮」と呼ばれる）。それゆえ、食物連鎖の最上位にいるアホウドリのような捕食者は、周囲の環境よりも桁違いに高い濃度の化合物を体内に取り入れることになる。(9)

クロアシアホウドリから検出されるＰＣＢとＤＤＴの濃度は高く、魚を食べる他の鳥であれば、卵殻の薄層化、胚の死亡を引き起こすレベルであることが、複数の研究によって示されている（Auman, Ludwig, Summer, et al. 1997; Guruge, Tanaka, and Tanabe 2001）。マイラ・フィンクルスタインらも、そのレベルは「五大湖の鳥類に見られる生殖奇形と免疫機能障害に結びつけられる汚染濃度に匹敵する」と指摘しているが（Finkelstein et al. 2007:1896）、汚染レベルが同程度であれば生理学的効果も同程度になるのかは、今のところ判明していない。とはいえ、クロアシアホウドリの卵の殻が薄くなっているのは、どうやら間違いないようだ。一九九五年に採集された卵は、第二次世界大戦前に採集されたものよりも、殻の厚さが三四パーセントも薄くなっていることがわかっている（Ludwig et al. 1998）。毒物学的研究において、単一の汚染物質が野生の個体群に与える生理学的変化を計測するのは、非常に難しい（Finkelstein et al. 2007:1897）。しかしその一方で、クロアシアホウドリが有毒物質にまみれた非常に危険な環境にいることは、次第に明瞭になりつつある。北太平洋におけるプラスチックの集積がもたらす状況悪化に追い打ちをかけるように、有毒物質による汚染レベルが上昇しているという事実も、現状をこれまで以上に憂慮すべきものにしている。クロアシアホウドリとコアホウドリにのしかかる有害物質という重荷は、つい一〇年前に比べても、はるかに深刻なものだ[10]（Finkelstein et al. 2006）。

人間社会が生み出す廃棄物は、肉眼で捉えられる場合もそうでない場合も、広大な大気系と海洋系を循環し、最終的にアホウドリの体内に蓄積する。こうして、化学物質やプラスチック、生物とその系統、関与、関係、そのほか非常に多くのものが一堂に会し、それらが相互作用することで、もつれ合ったネットワークが現出する。時間性が一点に収斂するのは、まさにこの場、つまり、生物の身体と物体——進化における継承および／あるいは設計と製造の過程によって刻まれた歴史を運び、未来を予兆するもの——が出会う場でのことだ。無数の個体の生活と繁殖活動によって織りなされたアホウドリの数百万年の進化が、二〇世紀の最初の数十年で発見あるいは商品化されたプラスチックや有機塩素というかたちで現れた、一〇〇年にも満たない人間の「創意」と接触するのである（言うまでもなく、こうした製品もまた他の歴史に立脚している。たとえば、化石化した残留物が数百万年の年月を経てプラスチックの原料となるように）。人間が作り出した製品は、現在の形状を保ったまま存続し、蓄積することで、アホウドリの「空の飛び方／飛行経路」という各世代が積み重ねてきた成果を毀損する役割を果たす。それればかりか、こうした有害物質は、まるで種を構成する世代間のつながりの脆弱さを強調するかのごとく、繁殖期の鳥やそのひなに、ほぼ満遍なく影響を及ぼしている——ある世代が次の世代を生み出す、まさにその瞬間に影響を与えているのだ。卵の殻が割れ、なかにいるひなが死ねば、アホウドリの次の世代は登場せず、種の過去と未来の命をつなぐはずの結び目がほどけてしまう。

これらの有害な製品の過去はさほど遠くまでさかのぼれないが（少なくとも現在のような形状になって

からは）、その未来が同じように限定されているわけではない。むしろ、そこには不滅と言ってもいいくらいの可能性がある。ティモシー・モートンは、こうした製品のことをいみじくも次のように表現している。すなわち、「ハイパーオブジェクト」、「人間にとって膨大な空間、膨大な時間に存在するようにばらまかれる物体」（Morton 2012:81）、「ほとんど想像できないくらい長い期間にわたって残存する発泡スチロールやプルトニウムのような製品」（Morton 2010:19）である。私たちは、こうした製品がどれほど環境にとどまるのか、時とともにどう変わっていくのかを十分に理解していない。プラスチックは「粉砕」されるかもしれないが、それで消え去ったわけではない。むしろ、微小な「マイクロプラスチック」となって、より小さな生物の体内へと侵入し、蓄積されるため、生物に与える影響の範囲はより大きくなる可能性がある（Barnes et al. 2009）。事実、焼却されたもの——これはこれで別のかたちの汚染につながるわけだが——を除いて、これまで生産されたプラスチックはすべて、何らかのかたちで残存しており（Barnes et al. 2009）、問題はますます大きくなりながら、アホウドリや人間など、未来の世代の生物に引き渡されていくことになる。

時間性に乱れが生じるのは、ここである。種の進化やプラスチックの寿命を捉えるのに必要な巨大な時間の枠組みのなかでは、個々の鳥の日々のもがきは視界から消えていく。個々の鳥が世代をつなぐために行っている仕事は、記録にさえ残らない——その仕事が突然断ち切られるまでは。こうした時間の観点から考えたとき、プラスチックと有機塩素がミッドウェー島のアホウドリに与えている影響に関して、もっとも衝撃的で心を乱されるのは、それが恐ろしくなるほど速いペースで発生していることだ。しかし、いったん私たちが「ズームイン」して、限定された時間をもつ生き物の視点で世界を見るならば、今日のアホウドリの死は、拷問のように引き延ばされることになるだろう。これは、ロブ・ニクソンが「ゆっくりとした暴力（slow violence）」と呼んだもの、つまり「徐々に、気づかないうちに……時間と空間のいたるところで生じる暴力」の完璧な一例である（Nixon 2011:2）。この暴力は、有害物質が環境や生体内に蓄積していき、最終的には生きていくことが不可能になる過程の、まさにその進行の遅さゆえに、しばしば私たちの目を逃れるものだ。ニクソンは、銃撃や爆弾の爆発が暴力として即座に認識されること、その血なまぐさい即時性とは対照的に、徐々に蓄積して命を奪うことがわかっている物質を使いつづけ、濫用することは感知されにくく、それゆえ私たちは、それを暴力の一形態として認識すらできない場合が多いと指摘している。

現代のアホウドリの苦境を見ていくうちに、私たちは、いくつもの時間の地平とスケールにまたがる邂逅に巻き込まれる。こうした視点では、プラスチックと合成化学物質は、近年に登場した、いつまでも残りつづける勢力であり、周囲の世界に、ぞっとするほど速く、痛ましいほどゆっくりと影響を及ぼす。また同様に、種は、巨大な広がりをもつ進化の系統であると同時に、世代を結ぶというごく日常的な仕事を続ける、はかない一羽の鳥として姿を現すだろう。ある意味、数百万年の進化は、そうした個々のアホウドリの身体の「なか」に収められている――肉体が、継承、歴史、関係を運んでいるのである。

さまざまに重なり合う時間の枠組みに目を向けながら世界に出会うことは、直截簡明であるとは限らないが、それを通じて、この困難な時代に対する理解を深めることができる。私は、時間とコミュニティに関するミシェル・バスティアンの仕事（Bastian 2011, 2012, 2013）に触発されて、アホウドリとプラスチックの海の邂逅の場に集う多様な時間性に注目することが、いかに私たちを異なる関係、異なる理解、ひいては異なる責任へと誘《いざな》っていくのか、という問題に興味をひかれるようになった。これは、時間を平坦で、単一で、秩序だったものとして見ようという試みではない。むしろ、対立し、交差する、複数の時間性に意図的に身を置くことで、その課題と可能性をあぶりだそうとするものだ。それゆえ私の関心は、アホウドリを、重なり合う時間性と継承の密なネットワークから現れ、そのなかで生き、そして死ぬ存在として捉え直すことが、絶滅で失われるものの途方もなさについての私たちの理解をいかに更新し、いかに私たちに新しい、より大きな責任を与えるか、という問題意識に向けられている。

絶滅への飛行経路

二〇一一年一二月、カウアイ島の北岸にあるコアホウドリの小さなコロニーに腰を下ろした私は、長い歴史をもつこの生のかたちのルーツに再び思いを馳せていた。(11) コロニーにいた繁殖鳥はほとんどがオスだと思われ、パートナーは食事と回復のために海に出ていた。これがオスたちにとって、卵の上で長い時間を過ごす初めての仕事になるのだろう。鳥たちはみな一見恍惚の表情で静かに卵を温めていたが、それでもコロニーには活気があった。抱卵中の親鳥にまぎれて、若いアホウドリたちが互いにせわしなく鳴いたり、ダンスをしたりしていた。こうして関係を深めていくと、いつの日か、それがつがいの絆へと変わっていくこともある。若い鳥たちは、陸地でも空でも、動きや音を介して

卵を温めるカウアイ島のコアホウドリ（著者撮影）

じゃれあうように交流を続けていた。

コロニー内で時間を過ごし、ときには巣から数フィートのところで立ったりすわったりしていると、近くの鳥が警戒して嘴を鳴らすことが何度かあった。しかし、そのわずか数秒後には、私たちの存在に興味をなくしてしまったように、いつも決まって背を向けた。野生動物のそばにいるのに、それが自分にほとんど関心を示さないとき、私たちはなぜか多少の困惑を感じてしまうものだ。[12] 人間という、他者から危険な存在として注視されることの多い存在にとって、このアホウドリからのある種の信頼は、いささか奇妙なものに思える。もちろん「信頼」という言葉は、ここにはふさわしくないのだろう。むしろアホウドリのその態度には、長い進化の歴史において、人間や一般的な陸生哺乳類が環境的要因として一度たりとも登場したことがないという状況が関わっている[13]（このことは捕食者がいない島に集団で営巣する他の多くの鳥にも言える）。

アホウドリを前にするとき、私たちは否が応でも奇妙な立場に立たされることになる。その行動を見ていると、運命にほとんど関与していなかったために、人間がアホウドリの世界の重要な登場人物として認識されてこなかった長い時間――それは今でも続いている――のことを、どうしても思い起こしてしまうのだ。ところが、今では人間は、アホウドリが世代をつなげていく可能性を多方面から脅かす、唯一にして最大の脅威になっている。この事実ほど、アホウドリの行動からかけ離れたものはあるまい。そして、そのことを私たちは十分に認識する必要がある。アホウドリの前に立つとは、こうした長い過去の時間と悲劇的な現在に、どうにかして同時に身を置くよう要求されることだ。そのようにして私たちは、「地質学的瞬間」の途方もなさに気づくようになるのである。[14]

種を「空の飛び方／飛行経路」として捉えることで、『同じ』瞬間内に、複数の相反する忠節を認められるようになる」（Bastian 2011:165）可能性があるのは、この文脈でのことだ。言い換えれば、そうした捉え方によって、私たちは、個々の鳥のはかない生命とより大きな種の生命とを緊張状態に保つことができ、今では失われつつある生き物を誕生させるのに必要だった膨大な時間を十分に認識しながら、絶滅の時代を生きることができるかもしれない。

私たちはまた、そうした視点によって、「あらゆる種にとって絶滅は避けられない現実なのだから、コアホウドリやクロアシアホウドリの絶滅のことなど心配する必要がない」という短絡的な主張を乗り越えられるようにもなるだろう。進化論の登場は、種の新しい理解をもたらし、私たちはそれを契機に種を歴史的な系統として見るようになった。また同様に、ダーウィン以後は、絶滅のプロセスに対する理解も一新された。進化論が私たちに提示したのは、変化と適応が絶え間なく繰り返される世界だった。そうした世界では、絶滅は、固定された永遠の秩序において生じる逸脱などではなく、すべての種が否応なしに与えられているライフサイクルの一部である。この文脈では、アホウドリは人間が関与しない場合より早く世界から消え去っていた可能性もあり、その絶滅は常に必然となる。

しかし、このような理解には問題もある。なかでも重大なのは、そこには進化の時間の枠組みが一つしかないため、洞察を得ることがほぼ不可能だという点だ。永遠という視点――あるいはそれが何であれ「ひとつながりの生命」という視点――から見てしまえば、個々の生物や個々の種に何の重要性があるというのか？(15) 要するにその視点は、どの瞬間においても多くの可能性、関係、責任が同時に存在していることや、他の時間の枠組みにも目を向けたときにだけ見えてくる可能性を覆い隠すものなのだ[16]。

複数の時間の枠組みに目を向けることは、進化論というダーウィンの革命に「もう一度耳を傾ける」試み――ジェイムズ・ハトリーが、現代という大量絶滅時代にぜひとも実践しなければならないと主張しているもの――にほかならない[17]。それはまた、進化が描き出す世界を受け継ぎ、生き、受け渡すための新しい方法を見つけることでもある。そのため、本章ではここまで、アホウドリの繁殖と世代交代に焦点を絞り、食料を求めて茫洋たる大海を疲れも知らずに飛びまわる能力、年に一度、卵を温め、ひなを育て、何か月もかけて巣立たせる能力について見てきた。そうすることで、種とは何もせずに生じるものではなく、各世代において実現されるものであり、また、生殖、養育、世話という現実の関係のなかで生きる各個体の労働、能力、決断を通じて維持されていくものだという事実を強く訴えかけた。

もちろん、アホウドリに見られるような個体による途方もない献身に依存しないで世代をつないでいる種は、いくらでもある。たとえば、魚類はいったん卵と精子を水中に放出してしまえば、二度と子供たちに会うことはない（とはいえ、太平洋のサケのように、産卵のために命をかけて長く困難な遡上を行うものもある）。また、顕花植物〔花を咲かせる植物〕は風や鳥や昆虫の力を借りて受粉し、そうしてできた種子も動物や重力が運んでくれる。これら多くの種では、アホウドリのライフサイクルに見られるような、誰の目にも明らかな「仕事」は存在していない。それればかりか、繁殖の取り組みにおいて、異性愛を前提とした役割分担（さらには性的役割そのもの）が存在しない種も多い。北太平洋のアホウドリでさえ、繁殖のための役割には多様なかたちがあるのだ[18]。このように、進化の他の側面と同様、繁殖においても、生命は驚くほど多彩なアプローチと戦略を示している。ただし、生のかたちは、それがどのようなものであっても、進化の長い歴史と適応——そこで個体は、自己を超えて世代をつなぐために貴重な時間や資源、あるいはその両方を投資する——を通じて生み出される。私たちがアホウドリに見るのは、種を形成するあらゆる生物に共通する衝動の、一つの極端な、そして比較的馴染みのある現れなのである。[19]

種を構成する一つひとつの個体は、進化という観点から見て、自分たちがどこから来て、どこへ向かっているのかを知らないかもしれない。だが、それでも種というものが存在できているのは、世代をつなげようとする各個体の奮闘があってこそのことだ。そうした奮闘は、言うまでもなく、個体が自分自身を存続させる際にも見受けられるものだが、本書にとってそれと同等の重要性をもつのは、個体が次の世代へと生命をつなげるための奮闘である(Margulis and Sagan 1995:213; Rose 2006)。毎年、繁殖のために危険で過酷な障害に対峙するアホウドリは、地球上の他の多くの動物と同じように、自分の生涯を世代を継続させることに費やすのだ。

この奮闘は、倫理学の言葉で言えば、自身の存続だけではなく、続く世代の継続をも願う個体側の明確な「利益(interest)」を表現している。とはいえ、ある個体とその子孫は、自分の力だけでは生き残ることも、繁栄することもできない。そこで、アホウドリのような生物が世代をつないでいこうと思えば、種という、より大きな繁殖コミュニティが最低限必要になってくるわけだ。こうして、個体の奮闘に対する敬意は、より広い、種という概念に必然的に結びつくことになる。[20] この敬意は、道徳的配慮を向けるに値する存在と、それ以外の存在との間に線を引くことを拒否する倫理の土台となるものだ。もっと正確に言えば、すべての生命を尊重すること、あるいはシャグバーク・ヒッコリーの言葉を借りれば、「他者に対する配慮が『どこまでも』続く」（Plumwood 2011:206）ようにすることの土台なのである。[21]

種は、運命と過去からの遺産を共有することで結びついているという点で、常に現在のかたち以上の何ものかである。そう考えたとき、絶滅とは単一の固定された種の喪失ではなく、現在から多様な未来に向けて無限に出現し、分岐する可能性をもった「空の飛び方／飛行経路」の喪失となるだろう。それぞれの種は、突き詰めれば、種それ自体を超えた「空の飛び方／飛行経路」である。絶え間なく続く種分化と系統進化のさまざまなパターンを通じて、種は常にそれまでの自分自身とは異なる形態へと変わろうとするからだ。そして、それが正しいとすれば、絶滅で失われるのは、現在見られる「空の飛び方／飛行経路」——定まった生物の個体群——だけではない。その種がこれまでとっていたあらゆる形態、過去と現在がいつか可能にするかもしれない形態をすべて失うのである。

遠い過去と未来へと伸びる「空の飛び方／飛行経路」は、種を生み出すことそのものと重なっている。前へ、そして後ろへと伸延する世代のつながりは、私たちの時間理解の地平を超えるものだ。この青い惑星に生息するアホウドリの、生きている身体、死にゆく身体。それは、過去から現在にいたるあらゆる「今」の瞬間にアホウドリ自身が行ってきた仕事、もちつづけてきた可能性の上に成り立っている。だからこそ私たちは、それがどれほど途方のないものであっても、それらすべての世代の恩恵、これまでの「空の飛び方／飛行経路」全体の恩恵を感じながら、アホウドリという古くから進化を重ねてきた生のかたちを継続させるための場所を確保するという倫理的要求の重さを感じなくてはならない。

絡まり合った空の飛び方／飛行経路

絶滅がかつてないほど身近に迫っているのは、なにもミッドウェー島のアホウドリだけではない。その周辺地域を見渡しただけでも、多くの種が絶滅の危機に瀕しているのがわかるだろう（Steadman 2006; Stearns and Stearns 1999）。現代は、大量絶滅時代のまっただなかにある。そうした時代であれば、種の継続を尊重するという態度は、新しい熱意と緊急性を帯びたものとならざるをえない。「はじめに」で述べたように、現在の種の絶滅率は、「通常の」背景絶滅のおよそ一〇〇〜一〇〇〇倍と推定され、生物の多様性の喪失は、約六五〇〇万年前の恐竜絶滅以来の規模で生じていると考えられている（Aitken 1998; Primack 1993）。要するに私たちは、地球上に「複雑な」生命体――その化石記録があることで、古生物学者は生命の歴史をふるいにかけ、絶滅イベントを特定することができる――が誕生してから六度目の大量絶滅を引き起こそうとしているかもしれないのだ。

このように現代を未曾有の喪失の時代と見たとき、膨大な数の種の死の積み重なりは、これまで類を見ない破壊的な可能性をもたらす。具体的には、既存の生命を壊滅させ、新しい時代を招来する恐れがある。過去五回の大量絶滅イベントでは、その後に地球上の生命の多様性は回復したが、その内容は以前とは劇的に異なるものだった。たとえば、恐竜の絶滅によって哺乳類の繁栄の道が開かれ、今日の生命の多様性――そこには私たち人間も含まれる――の基盤が築かれたように（Mayr 2001:133）。

大量絶滅は、大局的に見れば、「生命」という大きな営みの根幹を揺るがすものではない。数百万年という時間があれば、いずれ生命システムは回復し、多様化する（可能性が高い）ものだからだ。しかし、特定の生態的、進化的コミュニティに縛られている一人の地球人の目には、状況はまったく違って見える。一体の生物、種の構成員として世界の内側から見る大量絶滅とは、複雑な生命システム全体を死の淵へと追いやる、劇的な変化だ。長い年月が経過して状況が落ち着きを取り戻したとき、何かが回復しているだろうが、その何かとは、以前とはまったく違ったものになっているはずだ。

絶滅の時代のただなかにある今、他種のための場所を確保するという、私たちに向けられた倫理的要求の特性を考えるには、他者に対する責任、他者との関係へと私たちを引き込む、複雑な歴史と継承の理解が求められる。そして、その複雑な歴史の中心に置かれているのが、特殊な社会性哺乳類――自分たちばかりか他種にも配慮し、他種の利益を認識し、他種と共に繁栄する余地を残すように行動できる、知的、感情的能力をもった種――としての私たち人間の進化だ。[22] ここで重要なのは、こうした知的、感情的能力が、人類誕生以前から見られたものだということだ。共感、思いやり、配慮、そして多様なかたちをとる倫理観さえも、人類だけが特権的に有する財産などではない。ましてや、人類が文明という、「血に染まった歯と爪」としての自然とは根本的に異なる領域に足を踏み入れたときに得られたものでもない。むしろ、こうした感情的関与、言い換えれば、他者と意味のあるかたちで共にあるための手段は、過去から続く長く複雑な継承の産物であり、「生物学的なもの」と「社会的なもの」という単純な区別を否定するものなのである。[23]

人間の価値と経験が特定の生態や進化の歴史に根ざしていると認めることは、必ずしも何かしらの粗雑な生物学的決定論につながるわけではない。これについて、ダナ・ハラウェイは次のように述べている。「生物学的決定論というイデオロギーは、人間の動物性の意味を論じるために科学文化のなかで作られた一つの立場にすぎない。破られた境界の意味をめぐっては、急進的で政治的な人々が争う余地はまだ大いにある」(Haraway 2004:10)。要するに、私たちは自分の生物学的特徴を怖がるのをやめ、多種《マルチスピーシーズ》からなる世界でどのように絡まり合いが構成されているかについて考える新しい方法をさがすべきなのだ。この新しい方法は、アナ・チンの表現を借りれば、「種どうしの依存関係が織りなす多様な網の目と共に歴史的に変化してきた」ものとして「人間らしさ」を見ることであり、「人間らしさとは、異なる生物種間で結ばれる関係である〔そして、これからもそうありつづける〕」と認めることなのである(Tsing 2012:144)。

とはいえ、過去から継承したもののなかで、私たちを他者からの倫理的要求に対峙させるのは、いま見たような種としての進化の歴史だけではない。私たちはそれ以外にも、開発、近代化、利益の最大化といった、特定の文化的、経済的歴史と実践を受け継いでいるからだ。そして、このような開発や近代化と複雑に絡まり合うのが、有害な化学物質や、色鮮やかだが完全には分解されない使い捨てプラスチック製品を生み出してきた社会的、技術的プロセスである。私たちはその結果、ここ数十年の間にレイチェル・カーソンの遺産をも受け継ぎ、近代的な環境保全活動が生まれたのだ。そうして私たちは、自分たちの生活様式が生み出す具体的な害を認識する能力や、自分たちが地球の持続可能性を根底から揺るがすありようを批判的に考察する能力をもった社会の一員になることができた。これについてティモシー・モートンは次のように述べている。「これはハイパーオブジェクトが人間の目に見えるようになった歴史的瞬間である。この可視化によってすべては変わるのだ」(Morton 2011)。
このように、長大な時間の地平において過去からの無数の継承がさまざまに織り込まれた結果、私たちは、「あらゆる死に寄り添って」(Rose 2012a) 生きると同時に、より「生きやすい世界」(Haraway 1997) を目指して努力するという倫理的要求の重みの下に生きる存在として姿を現した。この考え方に立つとき、私たちをそうした倫理的要求の時空に生きる存在にしているのは、他者の利益を認識し、その要求に従って自分の行動を変えられるという私たち自身の能力にほかならない。もちろん、要求の性格やそれがもたらす義務について、私たちが自分なりに折り合いをつけるのは自由だ。しかしその際は、私たちの生のかたちを織りなした具体的な歴史と絡まり合いのことをきちんと認識しておく必要がある。

このことを念頭に置くと、大量喪失の時代に対する倫理的な対応には、個々の種への敬意以上のものが必要になることがわかる。それは、絡まり合った多種《マルチスピーシーズ》コミュニティを形成する、無数の進化系統の存続に思いを馳せることだ。要するに、個体の「空の飛び方／飛行経路」は、デボラ・バード・ローズが「身体化された時間の結節点」(Rose 2012:128-31) と呼んだものとして、より広い文脈で理解されなければならないのである。ローズは、地球の生物が時間のなかを移りゆくときの「通時性」と「共時性」の両方のパターンを認識する必要があると主張している。本章がここまで取り上げてきた「空の飛び方／飛行経路」は、世代を通じた通時的な生命のパターンだ。一方で私たちは、共時性という概念によって、地球の多様性の源である複数かつ多様な「空の飛び方／飛行経路」もまた、互いに繊細に関係しあっていることに目を向けるよう促される。クロアシアホウドリ、そして他のどんな種であっても、その「空の飛び方／飛行経路」は、何もない虚空を旅してきたものではない。それは絡まり合った生の様式であり、特定の多種コミュニティと結びつき、その一部となってきたものだ。ローズの表現を借りれば、通時性は「ある世代から次の世代への流れであり、共時性は、順次的な時間と交差するもので、個体が自身の生命を維持しようとしているときの個体間（しばしば他種のメンバーが含まれる）の流れ」なのである[24]（Rose 2012b:129）。

したがって、種が世代の奮闘によって時間のなかを運ばれていくばかりでなく、互いを運んでいること、つまり、養育し、絡まり合った生命のコミュニティのメンバーとして共に形成されることには、重要な意味がある。もし私たちが、「どこでもないところからの眺め」（Haraway 1991）の見せかけの客観性や公平性を捨てて、自分たちの哺乳類としての立場、「生態学的に具現化され」（Plumwood 2003）、他種との相互扶助と共進化のパターンに織り込まれた存在としての立場を支持するのなら、現代という大量絶滅の時代は、生命に対する攻撃としかみなされないだろう。私たち人間という種の未来が危険にさらされているのは確かだ。しかしそれでも、大量絶滅にまつわる倫理的要求に対する私たちの対応を、短絡的な人間中心主義のレンズを通して理解することはできない。むしろ、それを理解するには、「新生代中心主義（Cenocentrism）」のようなものを前提にする必要がある。すなわち、「新生代の成果」の継続性、言い換えれば、地球の生命の遠い起源にまでさかのぼるが、その基本的な構成は最後の大量絶滅――白亜紀と第三紀の間の大量絶滅（K－T絶滅）――のある時期に形成された、進化的、生態的コミュニティ全体の継続性を前提にしなければならないのだ[25]。

この最後の大量絶滅期に地球を覆っていた大量の塵《ちり》のなかを、鳥たちは新しい世界に向けて飛びはじめていた。どれくらいの鳥種がK－T絶滅を生き延びたのかについては、研究者の間で議論が続いており、その推定値には大きな幅がある（Cooper and Penny 1997）。とはいえ、一部の鳥がその暗黒の時代を生き延びたのは間違いのない事実だ。鳥類のほかにも、一部の哺乳類、爬虫類、植物、細菌などが生き残り、その子孫たちが、今日地球に見られる驚くべき多様性を生み出すことになった。そして、これこそが私たち人間という種を生み出した生命のコミュニティであり、現在私たちが属しているコミュニティでもある。このコミュニティは静的で非時間的な生態系ではない。そうではなく、絡まり合った「空の飛び方／飛行経路」の無限に複雑な集まりであり、自分自身や他者をこの世界にとどまらせてきた、あらゆる種の無数の世代なのである。

それゆえ私たちはいま、過去数百万年の間にこの惑星に現れたあらゆる生物、未来において「きわめて美しくきわめて素晴らしい無限の形態」（Darwin（1859）1959）をもって現れるかもしれないあらゆる生物の、あらゆる世代によってなされる集団的な倫理的要求の重みの下に生きている。つまり私たちは、生命がこの惑星に根を下ろす、その絡まり合った多様なかたちを保護あるいは破壊する手助けを、自分の短い一生の間にしてしまったことの責任を問われているのだ。

気が遠くなるほど長い進化の歴史から見ればほんの一瞬の間、私たちホモ・サピエンスとアホウドリ、そして他の無数の種は、直接かつ深く触れ合うことになった。私たちの「空の飛び方／飛行経路」は交差し、今では、それぞれが他者の運命に何らかのかたちで関わるようになっている。この絡まり合いはこれからも変化し、そのかたちに応じた結果をもたらす――私は、アホウドリのコロニーがあるカウアイ島の崖の上で、強い風に吹かれながらそんなことを思い出していた。営巣をする鳥たちが近くにいる私を無言で無視するなか、私は、現在の状況で起こりうるもっとも悲劇的なことは、新しい脅威や変化する環境、集中的な延縄漁《はえなわりょう》や餌に見えるカラフルなプラスチックへの適応にアホウドリが「失敗」することではないはずだ、と考えた。悲劇的なのはアホウドリの失敗ではない。それは私たち人間の失敗であり、他の存在の生活、ひいては人間自身の生活の可能性を損なうようなかたちで体系的に環境を変えるという、自分たちの比較的新しい能力に私たちが折り合いをつけられない——これは一部の社会、一部の人々で特に見られることだが——ということなのだ。過去から受け継いできたものにふさわしい存在に「進化」していないのは、おそらく私たち人間の方なのだろう。

第２章　旋回するハゲワシ
——「絶滅のなだらかな縁」における生と死

オールチャー（マデヤ・プラデーシュ州）で撮影されたインドハゲワシ
（Yann; CC BY-SA 2.0）

インドハゲワシ（*Gyps indicus*）は、インド、ネパール、パキスタンで「清掃作業員」として働く三種のハゲワシのうちの一種である。この鳥は、数千年にわたり家畜の死骸を自らの食料としてきた。かつてこの地域には、四〇〇〇万羽ものインドハゲワシが暮らしていた。鳥たちは死骸の山に騒々しく群がり、あちこちの高木や崖に巣を作り、頭上高くを旋回した。彼らはまるであらゆる場所に存在しているかのようだった。

——スーザン・マグラス「消失」

インドのハゲワシについて言及すると、その鳥が川岸に大量に群がり、そこに流れ着いたウシなどの動物の死肉、ときには人間の肉さえもついばんでいるのを見たという話を細部にわたり聞かされることが少なくない。ハゲワシの嘴《くちばし》にとって、その肉が人間のものなのか、それとも他の動物のものなのかは、些細な問題である。事実、人間社会ははるか昔から、死体を「処理する」もっともふさわしい方法として、ハゲワシの力を借りてきた。インドのパールシー〔ゾロアスター教徒〕やチベットの仏教徒のコミュニティなどでは、現在でもその方法が用いられている（Schuz and Konig 1983; Subramanian 2008; van Dooren 2011b）。

私は、多種《マルチスピーシーズ》コミュニティにおける「食べること」と「食べられること」の力学、およびその実用性に関心を抱いている。言うまでもなく、「食べること」とは、生者の生活に死者を取り込む方法の一つであり、なかんずく非常に重要なものである。しかしながら、死者が――腐りゆく死体としての積極的な参加を通じて、あるいは生者としての参加の欠如を通じて――生者の世界の形成に寄与する手段、死者と生者の重要な絡まり合いのかたちは、他にも数多く存在している。そこで本章では、そうした死者と生者の絡まり合いが見られるコミュニティ、具体的には、絶滅の危機に瀕したインドのハゲワシを中心に置きつつ、人間やウシなど他の多くの生物も包含したコミュニティについて見ていくことにする。私が注目しているのは、この多種の絡まり合いがどのように形成されたのか、そして、ハゲワシがインドから消えようとしている現在、その絡まり合いがいかに損なわれ、誰にとっても悲惨な結果をもたらしつつあるのか、という点だ。この問題を論じるにあたり、本章では絶滅のことを、長期にわたって進行中の喪失のプロセス、すなわち「絶滅のなだらかな縁（dull edge of extinction）」として理解するよう務める。インドのハゲワシは、個体数が急減したことで多くの人々に衝撃を与えたが、こうしたケースにおいてさえ、絶滅は、絡まり合った「空の飛び方／飛行経路」がゆっくりとほどかれるプロセスとして理解されるべきなのだ[1]。絶滅の瞬間は「最後の個体」の死によって正確に特定されうるとする伝統的な考えとは対照的に、インドのハゲワシの物語は、絶滅を特徴づけるのが、多くの場合、どこまでも続く死と苦しみのパターンであることを教えてくれる。そのパターンは、ハゲワシの最後の一羽が死を迎えるはるか以前に始まり、おそらくその死のあとも長く続くことだろう。こうして多くの生き物の未来の可能性に、不安の影が投げかけられることになる。

ハゲワシは、この喪失と死と絶望が待ち受ける空間に私たちを導くものだ。ハゲワシという好奇心をくすぐる生き物は、偏性の腐肉食動物《スカベンジャー》である。言い換えれば、この鳥は、他の一般的な腐肉食動物とは違い、状況に応じて捕食と死肉漁りを使い分けるのではなく、動物の死肉漁りをほぼ専門としている。その点で、鳥類や哺乳類のなかでも、かなりユニークな存在だと言えよう。ハゲワシの身体は、どこを見ても、この食料調達法とそれに付随するライフスタイルに適応したものになっている。生物学者のグレイム・ラクストンとデイヴィッド・ヒューストンは、インドのハゲワシが、捕食を行う他の猛禽類のような飛行精度、俊敏性、機動性を失ってしまったのは、腐肉食の鳥類として成功するのに不可欠な大きな身体と滑空飛行能力を手に入れたせいかもしれない、とまで述べている（Ruxton and Houston 2004）。

しかしながら、ハゲワシがどのような進化の道をたどっていようとも、この鳥にとって、腐肉食が非常に長い間、きわめて成功した生活様式でありつづけてきたことは間違いない。化石記録の数は少ないが、ハゲワシの存在は、旧世界〔アジア、アフリカ、ヨーロッパの総称〕では少なくとも二〇〇〇万年前までさかのぼれるようだ。インドのハゲワシの大部分が属する「ハゲワシ属（*Gyps*）」は、過去数百万年の間に出現したと考えられている[2]（Houston pers. comm.; Rich 1983）。進化の面から見れば、腐肉食はハゲワシにとって大きな成功だった。とはいえ、この事実は、腐肉食が食料を入手するもっとも魅力的な方法であることを意味しない。実際、ハゲワシには少しばかりゾッとするところがあると言っても、異を唱える人はそう多くないのではないか。インドのハゲワシは、一般的にコロニーを作って生活をしており、その規模は通常二〇～三〇羽、ときに一〇〇羽を超える場合もある。しばしばゴミ捨て場や屠殺場にほど近い場所をねぐらとし、背の高い木や崖の岩棚に巣を作る。巣は、動物の毛や皮、糞やガラクタで飾られている（Ferguson-Lees and Christie 2001:422-28）。また、腐肉食を熱烈に好み、それを専門にしている事実は、ハゲワシがもっぱら「新鮮」とは言えない食事にありついていること、その帰結として、さまざまな病原体や病気に対して高いレベルの抵抗力を求められることを意味する(3)（Houston and Cooper 1975）。それについてディーン・アマドンは次のように述べている。「ハゲワシは、炭疽菌のような致死的な病原体やウイルスを、ウシ一頭、あるいはウシの群れをまるまる一つ殺せるほどの量であっても、悪影響を受けずに摂取できることが報告されている」（Amadon 1983:ix）。

ところが今、インドとその周辺地域では、ハゲワシが毒に汚染され、絶滅の危機に追いやられている。この二〇年間で大量のハゲワシが死んだ。その原因の大部分は、家畜のウシに使用される「ジクロフェナク」という薬剤であり、ハゲワシはそれが使われたウシの死肉を食べることで意図せず汚染される。ジクロフェナクは、ハゲワシの体内で痛みを伴う腫れや炎症を引き起こし、最終的には腎不全を起こして死にいたらしめる。今日、インドにいる主要三種のハゲワシのおよそ九七％が死んだと考えられている（Prakash et al. 2007; Swan, Cuthbert, et al. 2006）。ハゲワシが姿を消しつつあるという報告は、ボンベイ自然史協会（ＢＮＨＳ）のビブー・プラカシュの仕事を通じて、科学文献に現れた（Prakash 1999）。それ以来、ＢＮＨＳは、イギリス王立鳥類保護協会とロンドン動物学協会と協力して、インドにおけるハゲワシの減少に関するさらなる調査を続け、インド国内に保全と繁殖のための施設もいくつか設立している。いつの日か、この危機が去って、野生環境下でも持続可能なほどの飼育個体数が確保できれば、ハゲワシの（再）放鳥が可能になるかもしれないと期待されているが、その見通しは今のところ立っていない。

生と死のあわい（ハゲワシは時にそこにいる）

死——といっても他の動物の死だが——と密接な関係をもつ動物が、絶滅への道を歩みつつあるというのは、考えてみれば不思議な話だ。ハゲワシは古今東西を通じて、生と死のあわいにある奇妙な空間に生きる、境界線上の生き物のように言われてきた。私もそう思う。ハゲワシがそのように捉えられてきたのは、その鳥が他者の死を感知し、しばしばそれが起こる前に姿を現すせいかもしれない（これは少なくとも部分的には、ハゲワシの優れた視力、広範囲を探索する能力、観察を通じた他の個体とのある種のコミュニケーションで説明がつく）（Jackson, Ruxton, and Houston 2008）。あるいは、死者を腹に収めたあとに天高く舞い上がる姿から連想されたことかもしれない（Houston 2001:51）。しかしながら、私が興味をひかれる死との関係と境界性《リミナリティ》は、死を「ねじって」生へと戻すハゲワシの能力である（Rose 2006）。私のこうした考えは、デボラ・バード・ローズとヴァル・プラムウッドが概説した、一種の生態学的な文脈内に位置づけられるものだ。二人の主張からは、死とはたんなる終わりではなく、多種コミュニティで現在も続いている営みの中核をなすものと考えなくてはならないことが読み取れる（そして、そのコミュニティでは、結局のところ、誰もが誰かの食料になりうる）（Plumwood 2008b）。ヘラクレイトスは次のように端的に述べている。「かのものの死をこのものが生き、かのものの生をこのものが死している」（Plumwood 2011）。

この文脈において、ハゲワシは生と死の転換の可能性の中心にいる。ハゲワシは、自らの栄養を得るために生命を摂取するのではなく、すでに死んだものしか食べず、死者の肉を栄養と成長のプロセスへと引き戻す。そのことを考えれば、ハゲワシは、死者を分解することを生業とする昆虫、細菌、菌類などの生物と同様、生命の中心に特別な位置を占めているのではないか。ここで私は、死と生を切り分けるなというジャン＝リュック・ナンシーの美しい要求を想起せずにはいられない。彼はこう書いている。「生から死を取り除くこと——その二つを互いに密接に織り込み、双方を互いの核（心臓《クール》）に踏み込ませたままにしないこと——これは決してあってはならないことだ」（Nancy 2002:5）。ハゲワシは、この生と死の緊密な絡まり合いを理解している。思うにハゲワシたちは、ナンシーの気持ちを理解しており、「生とは腐敗の産物であり、死と糞の山の上に成り立っている」と書いたジョルジュ・バタイユにも深い身体的賛意を示すのではないだろうか（Bataille 1997:242）。

死をこのように理解すると、あらゆる生物は、より大きな多種コミュニティの一部に位置づけられることになる（「あらゆる生物」に人間も含まれるのは注記するまでもないことだが、残念ながら現在ではまだその必要があるようだ）。生と死の可能性は、誰にとっても、こうした「共-生成／共になること（becoming-with）」（Haraway 2008）の絡まり合ったプロセスの内部で決着がつくものだ。私たちがとにかく生きていけること、また、私たちが今のようなかたちで生きていることは、「人間以上の世界」において私たちが置かれている固有の位置の帰結なのである。「人間例外主義」に基づいた理解は、ここでは何の役にも立たない（Plumwood 2007）。生物学的なものと社会的なもの、物質的なものと言説的なもの、そして生きているものと死んでいるもの、これらはすべて、身体、社会、宗教、文化、生態系となるもの――そして、実際そうみなされるもの――の形成に関わっている。インドにおける人間、ハゲワシ、その他の生き物の相互作用は、このような「生成／なること」のもつれ合ったプロセスの一部を浮き彫りにすると同時に、環境変化がますます激しくなるなかで、私たちが他者といかにつながり、さらされるかに、生と死がかかっていることを思い出させるのだ。

絡まり合った「生成／なること」

今日のインドで見られるハゲワシは、主にベンガルハゲワシ（*Gyps bengalensis*）、インドハゲワシ（*G. indicus*）、ハシボソハゲワシ（*G. tenuirostris*）の三種で、すべてがハゲワシ属に分類されている〔ハゲワシは九属一六種が知られており、属の一つであるハゲワシ属はインドの三種を含めた八種からなる〕。これら三つの種は、二〇世紀前半には、東南アジアとインド亜大陸の全域、そしてパキスタンに数多く生息していた。しかし二〇世紀後半になると、生息域の東側一帯、すなわち東南アジアで個体数が減りはじめる。その原因は定かではないが、おそらく安定した食料源が失われたことが最大の要因ではないかと考えられている。食料源が失われたのは、野放図な狩猟による野生の有蹄類〔ウシやウマなど〕の群れの消失、そして家畜の飼育法の変化が理由のようだ。またそれに加えて、化学物質による中毒や一部地域における生息地の減少、人間による直接的な迫害も、個体数減少に追い打ちをかけたはずである（Pain et al. 2003:661-62）。現在では、カンボジア、そしておそらくラオスとベトナムに生息地がわずかに残っているものの、それを除けば、東南アジアのハゲワシ属は絶滅したと見られている（Pain et al. 2003）。

こうした局地的な絶滅が起こる一方で、インドは三種のハゲワシの最後の砦《とりで》となっていた。個体数の減少が続く東南アジアを尻目に、インドのハゲワシは、二〇世紀後半の大半を通じて恵まれた生活を送っていた。一九八五年になっても依然として豊富な個体数を誇り、「(ベンガルハゲワシは)おそらく世界一数の多い大型猛禽類だろう」と評されるほどだった(Pain et al. 2003:661)。インドでは、東部生息域で起きたような食料不足は見られず、それどころか、まったく逆の状況が続いた。インドのウシの多さは世界有数であり、しかも地元住民がその肉をほとんど消費しないため、ハゲワシにとっては理想的な生息環境だったのである。ヒンドゥー教はウシを崇拝の対象としている。また、アヒンサー(生き物に対する非暴力)の精神も広く行き渡っている。そうした背景によって、大多数のインド人は牛肉を口にせず、ベジタリアンも少なくないという唯一無二の複雑な環境が生まれることになった(ただしイスラム教徒は、ヒツジ、ヤギ、ウシなどの動物の肉を食べるし、肉食をするヒンドゥー教徒も増えている(4)(Robbins 1998))。

インドでは、家畜のウシは主に、畑の耕作、搾乳、荷物運搬の用途に使われ、糞は燃料や肥料として広く利用される(Robbins 1998:226)。死んだウシは、死体置き場に運ばれるか、村はずれに放置されるのが一般的だが、皮革を利用するために事前に皮を剥いでおくことも多い(Singh 2003)。こうした死体を「処理」する際に、頼りにされているのがハゲワシである。インドのハゲワシが消費する動物の死体の数は、ウシ、ラクダ、スイギュウを合わせて、毎年五〇〇~一〇〇〇万頭と推定されている。「一頭のウシの死体を一〇〇羽あまりのハゲワシが分け合うこともあり、三〇分もあればきれいに平らげてしまう。一九九〇年代はじめには、二〇〇〇羽、三〇〇〇羽、ときに一万羽のハゲワシが巨大な死体置き場に群がり、その大型の鳥が、硬い舌で死肉を舐め、細い頭を突っ込んで内臓を味わい、極上の肉片を巡って互いに争っていた」(McGrath 2007)。このようにハゲワシは、しばしば人間のごく身近に暮らしていた。都市部および準都市部では、死体置き場をはじめ、皮なめし工場、屠殺場、ゴミ捨て場、骨粉工場(砕かれて肥料にされる前の骨がハゲワシの獲物である)といった場所で、食料もたっぷりと見つかった。ただし、こうした関係の恩恵を受けたのはハゲワシだけではない。いま挙げた各種産業と地元のコミュニティも、飼ってはいるが食べることはない何千万頭ものウシについて、その死体を処理する効率的な方法を無料で入手できたからである(ウシ以外の動物から生じる大量の廃棄物についても同じことが言える)。

ハゲワシは死体を食べるが、その仕事を通じて、汚染や病気(インドの一部地域で流行している炭疽《たんそ》など)の拡大を食い止める役割も果たしている。これから見ていくように、人間に近い場所で生活をするハゲワシ、特に都市部に暮らすハゲワシは、人間のコミュニティに対して驚くほど価値のある「サービス」を提供しているのだ。当然のことながら、このハゲワシと人間の共生的な相互扶助は、インドで隣り合って生きるために理想的な状況を双方に与えてきた。これについてロバート・B・グラブは、「安定して食料が供給される場所の近隣では、二〇〇羽から四〇〇羽の個体が木や屋根の上で群れをなしているのが、見慣れた光景となっていた」と一九八三年に書いている(Grubh 1983:108)。

インドにおけるハゲワシと人間の緊密な絡まり合いは、その鳥が人間社会とほとんど関わりをもたない他国の状況と比較するとき、いっそう顕著なものになる。たとえば東アフリカでは、人々はハゲワシに肉を与えないどころか、都市や町にやってきたとたんに銃で撃ち殺してしまう場合も多く、特に大型の種は標的にされやすい（Houston 2001, pers. comm.）。アフリカとの対比は、人間によるハゲワシの扱いにおいて、食料の入手しやすさ以外に、もう一つ重要な違いが存在していることを示す。インドのハゲワシは、他の地域——アフリカと東南アジアだけでなく、ヨーロッパとアメリカも含む——に比べて、厳しい迫害にあう可能性がずっと低いのである（Ferguson-Lees and Christie 2001）。こうした扱いの差については、ヒンドゥー教、インドの生活における文化および宗教の重要な要素によって、少なくともその一部が説明できそうだ。ヒンドゥー教の神話に登場するハゲワシの王、ジャターユとの関連などもその一例だろう（Baral et al. 2007:151）。もちろんインドでの扱いには、実際的な側面が強く影響していることは疑いようがない。つまり当地の人々は、ハゲワシが死体の肉を持ち去ってくれる、非常に役に立つ鳥だと広く認識しているのだ（Agence France-Presse 2007; Houston pers. comm.）。

とはいうものの、インドの「文化的景観」は決して一枚岩ではなく、ハゲワシと人間の関係も、地方によってさまざまに異なる。その状況を検討するのは本章の目指すところではないが、ハゲワシと人間の関係を論じるには、多数派のヒンドゥー教文化の他にも、パールシーの小さなコミュニティについて知っておく必要があるだろう（パールシーの中心地はムンバイである）。インドのパールシーは何百年もの間、ハゲワシに食べさせるために、死者をダフマ（沈黙の塔）の内部に横たえてきた。死者の肉が、神聖な存在である火、水、空気を汚してしまうと、彼らは信じているからだ（Subramanian 2008; Williams 1997:158）。ここでは、人間がハゲワシに新たな食料源を提供し、ハゲワシは人間に効率的、衛生的な死者の処理方法を提供していることになる（van Dooren 2011b）。このパールシーの慣習は、多種コミュニティ内の食料に関して、人間の肉がどういった位置づけにあるのかに私たちの意識を向け、

滑空するインドハゲワシ（Vaibhavcho; CC BY-SA 3.0）

またそれについて雄弁に語っている――もちろん、パールシーとハゲワシは、人間の肉が食料になることをずっと前から知っていたわけだが。パールシーのコミュニティには、死者を処理するハゲワシの役割を非常に重視するあまり、沈黙の塔にいるハゲワシの頭数が減りはじめたときに、鳥小屋を作ってそこで飼育することで、この伝統を絶やさないようにしようと提案した者もいたほどだという。

ここまで紹介してきた人間とハゲワシの相互作用の事例は、その多様な歴史からほんの一部を抜き取った一般例にすぎない。とはいえ、それだけも、インドのハゲワシをめぐる環境がいささかユニークなものであることが明確に見てとれるだろう。こうした事例を知ると、今の状況は、人間がハゲワシを「受け入れ」て、コミュニティ内に居場所を作ることで出来上がったと考えたくなる。だが、現実にはそうではない。インド亜大陸におけるハゲワシの存在は、はるか遠い過去、数百万年前にさかのぼる。人間がやってくる以前どころか、現生人類という種が誕生するよりも前に、すでにそこにいたのである。ハゲワシは、人間と家畜が現れる前にインドに生息していたブラックバック（インドレイヨウ）のような、移動性の有蹄類と密接な関係を保ちながら進化し（Houston 1983, pers. comm.）、そののちに、拡大する人間社会に定着したようだ。ドミニク・レステル、フロレンス・ブリュノワ、フロレンス・ゴネが書いているように、「人間社会」は一般的に、「人間だけで成り立っているわけではない」のである（Lestel, Brunois, and Gaunet 2006:159）。インド人が、他国には見られないかたちで、ハゲワシのための場所を確保してきたことは確かな事実だ。しかし一方で、インドの人々と、その文化的、宗教的慣習が、すでにハゲワシが暮らしていた土地で生まれ、形づくられたこともまた紛れもない事実なのである。ハゲワシ、人間、ウシをはじめとする生き物たちは、唯一無二の環境を共同で作り出した。その環境において、ハゲワシは食料を容易に手に入れることができ、その見返りとして人間は、死体を処理する確実で安価な方法を確保することになる。こうした状況は、自分たちでは食べることのないウシを大量に飼育している人々にとって、特に重要な意味をもっていると言えよう。ハゲワシという献身的な腐肉食動物がもし存在しなければ、ヒンドゥー教と共にインドで生まれたウシの家畜飼育の習慣は、どのような姿になっていただろうか、そもそも存在しえただろうか、と考えざるを得ないのである。

近接性と「二重の死」

しかし今日、インドのハゲワシたちは滅びつつある。ジクロフェナクが登場した現代において、ウシと人間の死体はもはやハゲワシにとっての恩寵とはなりえない。死者を生者の世界にねじり戻すのは、かなわなくなったのである。それどころか、死体はいまやハゲワシを中毒させ、ますます多くの死を生み出している。パールシーの沈黙の塔でハゲワシが減りはじめたのは一九七〇年代のことだと思われるが、おそらくそれは、ムンバイの都市の発展と、人間以外の食料が豊富になってきたことに関係している（Houston pers. comm.）。また同時に、一九六〇年代に人間がジクロフェナクを摂取するようになったことも一因で、その影響を真っ先に受けたのが沈黙の塔のハゲワシだったのだろう。しかし、それよりはるかに深刻なのは、ウシに対するジクロフェナクの使用が近年ますます拡大していることだ。ジクロフェナクは、跛行《はこう》、乳房炎、繁殖障害など、家畜のウシを悩ませるさまざまな症状の治療に使われている(5)（Cunningham pers. comm.; Swan, Naidoo, et al. 2006:0395）。たしかに人間へのジクロフェナクの使用は、沈黙の塔にいたハゲワシに大惨事をもたらしたかもしれない（これを一つの理由として、一部の科学者が同所でのハゲワシ飼育への支援を取り下げている）。だが、インドのハゲワシ個体群の崩壊にとっては、ウシに投与する薬剤としての使用の方が、比較にならないほど重大な問題だった。食料源としての重みがそれほど違うからである。この点を考慮すれば、本書の議論は、人間ではなくウシの消費者としてのハゲワシの役割に焦点を絞るべきだろう。

ここで忘れてはいけないのは、ウシの治療にジクロフェナクが使われる背景には、多くの場合、貧困が存在していることだ。貧困地域では、家畜が年老いて病気になっても、働かせつづける必要がある。これについて、アンドルー・カニンガムは次のように説明している。「家畜が病気にかかって衰弱してしまった場合、飼い主は、その動物に残されたものを最大限しぼりとろうとする。……そのためには、ただ鎮痛剤と抗炎症剤を投与して、できるだけ長生きさせればよい。……家畜の死体からこれほど高レベルのジクロフェナクが検出されるのには、そういった理由があるようだ」(Cunningham pers. comm.)。ここで、この物語のなかで貧困が初めて明示的に登場したが、これは今日のインドで展開するハゲワシと人間の関係における中心的なテーマだと言える。そのため、この貧困の問題については、のちほどまた取り上げることにする。人間とハゲワシの絡まり合いや生活の場の「近接性」がコインの表だとすれば、有毒なウシの登場は同じコインの裏である。人間とハゲワシの密接な関係は、長いあいだ双方にとって有益なものだったが、今ではどちらに対しても不利益をもたらしている。家畜化されたウシは、かつてハゲワシにとって格好の食料源だった。ところが、こうした人間（より正確には、人間が飼っている家畜）への食料の依存が、今では、ハゲワシを絶滅へと導きかねない。なお、ジクロフェナクなどの有害な抗炎症剤が広く使われている他の地域（Cuthbert et al. 2007）、たとえば東アフリカでは、インドと比べて薬剤の影響は少ない。これは、東アフリカではハゲワシと人間の関係がインドのように密接ではなく、食料も野生動物の死体が大半を占めていることが主な理由だと考えられる（Cunningham pers. comm.）。

インドにおける人間とハゲワシの絡まり合い、近接性はまた、人間のコミュニティにも不利益を与えている。多くの生命が誕生し繁栄できる環境を作ることに関して、ハゲワシが死者の消費を通じて、いかに重要な役割を担っていたかが、その鳥がいなくなることで誰の目にも明らかになったのだ。この問題に対する私の立場は、インドにおけるハゲワシやその他の生き物は、「二重の死（double death）」とでも言うべき現象に引き込まれているというもので、これはデボラ・バード・ローズの研究を参考にしている（Rose 2006）。ローズにとって「二重の死」という概念は、生命のつながりが損なわれ、生態学的コミュニティ全体が悲惨な結末を迎えるような状況を示すものだ。彼女が語る物語は悲劇で、その中心にはディンゴがいる——駆除目的で使用される１０８０《テン・エイティ》という毒物（モノフルオロ酢酸ナトリウム）をディンゴが食べると、死後も毒性が残り、その死体を食べた他の動物も中毒する。ここでも死者は生者の世界にねじり戻らず、その代わりに「生者の土地に死体が積み上げられていく」のである（Rose 2006:75）。ローズは、こうした死に関する仕事から派生する問題を、ヤラリンに暮らし、ディンゴについて詳しいアボリジニの人々、およびそれが属する多種コミュニティにおいて検討している。

　インドにおけるジクロフェナクの使用は、互いに関連しているが、それぞれ独立した二重の死のプロセスを生み出す。ジクロフェナクによって、死体が食料ではなく一斉に毒となってしまうような環境が誕生したばかりか、結果として多数のハゲワシが姿を消し、未処理の動物死体が大量に放置されることになった——文字どおり「生者の土地に死体が積み上げられていく」のだ（Rose 2006:75）。ある一つの種の個体数が激減すると、生態学者が「機能的絶滅」と呼んでいる状態が生じるが、そうなると、その後数年で本当に絶滅してしまう可能性が高くなる。また、ハゲワシが従来の生息場所から姿を消し、かつて結んでいた関係をもてなくなると、その場所で生きることを可能にしていたつながりが損なわれることになる。それによって、死のさらなる「二重化」が引き起こされ、自分の生活や幸福がハゲワシの存在と絡まり合っていた生物は皆、激しい苦しみと死のプロセスに引き込まれていく。このとき、近くにいること、つながっていることは、再び不利益として現れる。しかもそれは、貧しい国々、そのなかでも特に貧しいコミュニティに顕著に現れ、生活の不平等を浮かび上がらせるのである。

先述したように、ハゲワシは腐敗した死体を食べるため、土壌や水路の潜在的な汚染源を取り除き、病原体の拡散を防ぐことに役立っている（Houston and Cooper 1975）。どんな向こう見ずでも手を出さないような「食べ物」を日常的に処理する消化器系をもつハゲワシは、病気の脅威を一掃するのに非常に有利な立場にあるのだ。その能力は、たとえば、インドでの炭疽の封じ込めにつながっているのかもしれない。炭疽が原因で動物が死ぬと、その炭疽菌の芽胞《がほう》〔耐久性の高い細胞構造〕がしばしば土壌へと漏れ出る。芽胞はそこに何十年もとどまるが、その間に風に飛ばされたり、動物に運ばれたりして、拡散していくこともある。以前であれば、ハゲワシが動物の死後数時間のうちに軟組織を食べ尽くすので、炭疽菌が芽胞を作れず、拡散が未然に防がれる傾向にあった（Cunningham pers. comm.; Houston and Cooper 1975）。しかし現在、ハゲワシの個体数が激減したことによって、炭疽がこれまで以上に深刻な健康問題になる恐れがある——特に、炭疽が風土病化している南部の州ではその危険が高いだろう（Vijaikumar, Devinder, and Karthikeyan 2002）。インドの人口の七〇パーセントは農村地域に集中しており、その大半は家畜に頼って生活しているため、感染のリスクにさらされている人は膨大な数にのぼるはずだ[6]（Devinder and Karthikeyan 2001）。

話は炭疽だけにとどまらない。インドでのハゲワシの不在は、ウシの死体が他の動物にも利用可能になることを意味し、ひいては、イヌやネズミのような繁殖の早い腐肉食動物の居場所を増やしている可能性があるからだ。インド全土にどれほどの野犬がいるか、その正確な数字はわかっていない。しかし、アニル・マルカンディヤらは、インド農業省の調査データから、ハゲワシの個体数減少の直接の帰結として、野犬の数が急激に増えているようだと論じている（Markandya et al. 2008:198-99）。そうした野犬はウシの死体を食べるが、ハゲワシに比べれば、消費のスピードは遠く及ばず、最後まできれいに平らげるわけでもない。そのため、炭疽などの病気を同様のレベルで封じ込めることができず、食べ残されて腐敗した死体が水路や環境を汚染する機会も増えている。

こうした状況に加え、野犬の個体数の大幅な増加は、それ自体が問題になる。インド狂犬病予防管理協会（ＡＰＣＲＩ）が、世界保健機関（ＷＨＯ）の協力のもと行った調査によると、インドで野犬に咬まれる人は毎年約一七〇〇万人にのぼる（APCRI 2004:44）。およそ二秒に一人が咬まれている計算だ。また、インド全体で見れば、犠牲者の大半は「貧困層」や「低所得層」に属しているが（七五・〇パーセント）、地方の村落に目を向ければ、その数はさらに増え（八〇・三パーセント）、貧困層の負担がさらに重くなっていることがわかる（APCRI 2004:25）。

野犬に襲われるのはそれだけでも大きな危険だが、イヌはまた人間に狂犬病を感染させる主要な媒介動物でもあり、インドにおける全患者数の約九六パーセントがその経路で感染している（APCRI 2004:44）。したがって、野犬の増加に伴い、インドでの狂犬病の発生率も増加しはじめることが懸念される。インドでは、狂犬病によって毎年二万五〇〇〇〜三万人が亡くなっており（およそ三〇分に一人のペース）、これまでの世界全体の死者数の六〇パーセントを占めると推定されている（APCRI

2004:44)。また、狂犬病にはワクチンが存在し、すでに多くの人が接種しているが、狂犬病による死者数はわずかしか減少していない。それはおそらく、この病気を媒介する動物に接触する機会が、近年大幅に増加したせいだろう(Markandya et al. 2008:199; Menezes 2008:564)。狂犬病について考えるときは、感染者数の多さばかりでなく、そのウイルスに感染すれば凄惨な死にいたるという事実も忘れてはいけない。イギリス医師会のガイドブックによれば、「狂犬病の臨床症状がいったん現れてしまえば、既知の治療法はなく、患者はまず確実に苦痛と恐怖に満ちた死を迎えることになる」という(British Medical Association 1995:13)。

炭疽や野犬の襲撃がそうであったように、狂犬病もまた、あらゆる社会集団に均等に影響を与えているわけではない。APCRIの調査によると、狂犬病による死者のうち、社会経済的地位が「低い」か、「貧困層」に属している人の割合は、八七・六パーセントにのぼった。同様の調査からは、死者の多くは成人男性で、働き手を失った家庭がますます困窮するケースも少なくないこともわかっている(APCRI 2004:16)。忘れてはならないのは、狂犬病が人間だけに感染するのではないことだ。この病気はさまざまな動物に伝播し、その多くは苦痛に満ちた死を迎える。そして、そこには数百万頭の野犬も含まれているのである。

インドにおけるハゲワシの大量死は、環境汚染や病気の蔓延の恐怖をもたらしたばかりでなく、一部の最貧困層に経済的な影響も及ぼした。特に影響が大きいのは、乾燥したウシの骨を拾って肥料会社に売ることで生計を立てている、「骨の回収者《ボーン・コレクター》」と呼ばれる人々だ。ハゲワシがいなくなったことで、きれいに食べ尽くされた死体が減り、そのため、骨が回収できるようになるまで時間がかかったり、あるいは自分で骨を洗浄しなくてはならなくなったからである（Markandya et al. 2008:195-96）。

こうしたことからも明らかなように、人間は誰しも、多種からなる世界での生態的関係のなかで固く結びついているが、その絡まり合いのかたちは、人によってさまざまに異なっている。ハゲワシの例で言えば、その消失にもっとも大きな被害を受けているのは、その鳥にもっとも依存している人々、つまり農村地域に暮らす貧困層の人々だ。これは決して特殊な事例ではない。たとえば、ミレニアム生態系評価は、世界各地のケーススタディを分析して、生態系の崩壊や多様性の喪失が、農村コミュニティや貧困層——この二つの集団はしばしば重なり合う——により大きな影響を与えている場合が多いという事実を強調している（Millennium Ecosystem Assessment 2005:3）。こうした人々は、ハゲワシによる死体処理のような「生態系サービス」や、食料や清潔な飲み水の入手を、地域環境に直接頼っている傾向がある。よって、その地域環境が乱されると、経済的余裕のある層であれば、遠方から商品やサービスを取り寄せたり、代用品を購入することができるが、貧困層にはそのゆとりがなく、窮地に立たされることになる。ミレニアム生態系評価はこれを裏づけるように次のように述べている。「生態系の変化は、人間が罹患する感染症をいくつか発生あるいは復活させるのに、重要な役割を果たしている」（Millennium Ecosystem Assessment 2005:27-28）。また同様に、地域環境が乱された場合、農村や貧困層では、病気の治療をするための、あるいはそれが地域に根づいてしまわないようにするための基本的な生活資源を欠き、医療サービスへのアクセスも絶たれる可能性が高い。こうした視点に立ったとき、脆弱性は、私たちがこの多種からなる世界において絡まり合っている、その固有のあり方の特徴として（少なくとも部分的には）現れる——ゆるく絡まり合っているものもいれば、人間以外の特定の生物や地域の生態系との関係で固く結ばれている（ゆえに変化や混乱にもろにさらされる）ものもいるということだ。[7] 生物多様性が大きく損なわれ、絶滅も珍しくない現代では、こうした相互のつながりが、人間／非人間を問わず、大量の犠牲を生み出し、増幅された死と苦しみのパターンへと生命を引きずり込んでいる。

こうしたパターンの変化に目を向けることは、絶滅というものを、重要な点において捉え直す契機になるはずだ。白黒のはっきりした単純な絶滅の概念、すなわち、ある一つの「種類」あるいは系統の最後の個体の死という単独の事象が絶滅であるという捉え方とは異なり、インドのハゲワシの物語からは、絶滅とはもっと息の長い、ずっと複雑な現象であることが読み取れる。絶滅は、明確な区切りをもつ単独の事象――始まると急速に展開し、やがて終わりを迎えるもの――などでは決してない。絶滅とは、まさにその性質上、「空の飛び方／飛行経路」がゆっくりとほどけていくことだ。通時的、共時的に見られた関係のパターンを通じて、多種が共に作り上げ、きめ細やかに織り込んできた複雑な生の様式が、ゆるやかに瓦解していくことなのである（Rose 2012b）。こうした困難で、引き延ばされた場のことを、本書では「絶滅のなだらかな縁」と呼ぶ。その意図は、絶滅が長期にわたり進行する変化と喪失であることを明確に示し、そこに注意を向けたいというものだ。絶滅は、「最後の」死のはるか前も、その死のはるかあとも、さまざまな記録において、さまざまなかたちで生じている。「絶滅」という言葉を、最後の個体の死を指し示すものと受け取ることは、不毛な「種」の概念の内側にとどまることを意味する。その不毛な概念は、種が標本、つまり博物館に飾られる代表的な「型」であると単純化することで、特殊な生の様式である絡まり合った関係を切り捨てる。[8] 私が関心をもっているのは、それよりも広い種の概念であり、それを「絶滅という現象そのもの」と、そこから派生する「影響」をきれいに切り分けることは許されない。そこでは区別を拒否する代わりに、絡まり合った「空の飛び方／飛行経路」、つまり進化してきた、そして今も進化している唯一無二の生の様式がほどかれていく点に目を向ける。そうした生の様式がなくなれば、自然／文化、生物的／社会的、生者／死者といった短絡的なカテゴリーを横断し、飛び越え、撹乱する、現実に生きられた関係は崩壊していくのである。

東南アジアやインド亜大陸で個体数が激減する以前、ハゲワシはその地で腐肉食動物という役割を十全にこなしていた。アジアのハゲワシは、その他の地域と同じように、それぞれ自らの得意な死体の食べ方を発達させ、それによって、一つの死体に大量の鳥が集まったときでも、競争が生じる可能性が大幅に低下するようになった。研究者は、そうした死体の食べ方に応じて、ハゲワシを「引き裂き」、「突《つつ》き」、「引っ張り」の三つのグループに分けている（Konig 1983）。簡単に説明すれば、「引き裂き」は、死体を切り裂く強力な嘴をもったハゲワシ。「突き」は頭蓋骨がスリムなハゲワシで、小さな肉片を拾い上げたり、骨から肉を引き剥がしたりといった、より細かい作業に適している。「引っ張り」は、おそらくもっともよく見られるハゲワシで、羽毛のない頭部と長い首を使って死体の奥深くまで器用に到達し、内臓や柔らかい肉を引きずり出す。ハゲワシ属――インドでジクロフェナク中毒になっている三種もここに含まれる――は、すべてこの最後のグループに分類されている。「引っ張り」が食べる内臓や肉は豊かな食料源であるため、アフリカ、ヨーロッパ、アジアに生息するハゲワシのなかでも、ハゲワシ属は圧倒的多数を占めている（九〇パーセント前後が一般的）。ところがインドでは、伝統的にその割合は九九パーセント近くにまでなる（Houston 1983:136）。その主な理由はおそらく、皮革用に死体の皮を剥ぐ人間との絡まり合いによって、「引き裂き」の必要性が失われているためだと考えられる。

インドのハゲワシの大部分がハゲワシ属だという事実は、絶滅の様相をいっそう悲劇的なものにするだけだった。ジクロフェナクのような抗炎症剤に対する鳥類の生理的反応は、概してよくわかっていない。しかし近年では、インドに生息する他のハゲワシや腐肉食の鳥は、抗炎症剤に対して、ハゲワシ属のようには影響を受けないのではないかと主張する研究者もいる（Meteyer et al. 2005:714; Cuthbert et al. 2007）。もしそれが正しければ、インドではめっきり見られなくなった他のハゲワシも、ジクロフェナクが氾濫する環境で、生き延びている可能性があるだろう。とはいえインドは、非常に長い間ハゲワシ属が優勢だった土地であり、それゆえハゲワシ属は、巨大な多種コミュニティの内部でさまざまなかたちで人間と結びついてきた。この結びつきのプロセスは、「結びつきをほどく」という今日生じているプロセスと共に、人間／非人間、自然／文化という二項対立を乗り越え、多種による豊かな世界を生み出す、絡まり合った「生成／なること」のプロセスを浮き彫りにするものだ。本章で述べてきたコミュニティは、生者と死者によって構成されている。そしてハゲワシの絶滅は、死者を引き込むコミュニティという概念とその実現が必要であることを示唆している。そのコミュニティでは、死者に起こる出来事――死者（そして私たち）がいかに（誰に）「処理」されるのか、死者がいかに（誰に）寄与できるのか――が、それ以外の存在の健康と継続に大きな影響を与えるのだ。生と死の可能性を生み出す相互作用において、死んだハゲワシ、死んだウシ、死んだ人間はすべて重要だ。そうであれば、コミュニティを繁栄させ、ときに崩壊させるのは、生きている者だけではないだろう。

しかし、現代という絶滅の時代にこうした関係が解体していくにつれ、ハゲワシにもっとも依存していた人々は、増幅された死と苦しみのパターンへと真っ先に引きずり込まれていった——これは、デボラ・バード・ローズの言う「二重の死」のもう一つの形である（Rose 2006）。この文脈においては、「多種からなる世界のなかで、私たちは皆、依存という関係で結びつけられている」と認識するだけでは、十分でないように思われる。全体論的な生態学的哲学のように、「あらゆる存在は他のあらゆる存在に結びついている」と繰り返し述べたところで、ここでは何の役にも立たない。むしろ、あらゆる存在は何らかの存在につながり、その存在もまた他の何らかの存在につながっている、と言うべきだ（Rose 2008:56）。もちろんこの場合でも、突き詰めればすべてが互いにつながっているのかもしれない。だがここで問題になるのは、つながりの具体性と近接性、つまり誰とどのようにつながっているかなのである。生と死は、そうした関係のなかで生じる。だからこそ私たちは、人間のコミュニティや他の生物のコミュニティがそれぞれいかに絡まり合っているのか、その絡まり合いが、絶滅やそれに伴う増幅された死のパターンの創出にいかに関与しているのかについて理解しておかなければならない。そして、そのための情報を得るには個別のケーススタディが必要であり、人間と非人間、生者と死者の間にある動かしがたい境界線を超えられるアプローチが必要になる。

同じように、私たちが「生［と死］のある様式に賭け、それ以外の様式には賭けない」世界（Haraway 1997:36）に対するアプローチも必要である。たとえば私たちは、ある領域では死が二重化することに加え、ハゲワシの消滅が他の文脈における新しい生の可能性を生み出していると主張してもよい。ハゲワシはもはや死体を消費しないかもしれないが、その悲劇的な状況は、イヌといった他の動物の個体数を増やす余地を生み出すのである。イヌたちの多くは悲惨な状況を生き、狂犬病などの病気で苦痛に満ちた死を迎えるが、そのイヌたちの存在があるだけで、食料が絶対的な意味で無駄になることはまずありえないという事実が浮き彫りになる。こうした状況は、もし私たちが注意を向ける対象を変え、あらゆる生態系のテーブルに、より幅広い種の「連れ合い《カンパニー》」(Haraway 2003)を受け入れる準備さえすれば、明らかになるものである。つまるところ、絡まり合った「生成／なること」の豊かな歴史の内部では、「原生自然《ウィルダネス》」、「自然」、「生態系のバランス」といった短絡的な理念の助けを借りなければ、生態系がいかに「あるべき」かに関する、白黒はっきりした単純な規定には到達できない。それゆえ私たちには、ある可能世界は擁護し、他の可能世界は擁護しないことが求められる。私たちは、多種のもつれた世界を結ぶのを手伝うという責任を負う必要があるのだ(Barad 2007:353-96)。ここで生み出される増幅された喪失と苦痛の、常に不平等なパターンの内側で、いかに十全に生きるかという問題は、地球の第六の大量絶滅期にますます深く突入し、環境と気候がますます変化するにつれ、ますます大きな重要性をもつようになっている。

第3章　都会のペンギンたち
——失われた場所の物語

夜間に岸へとやってきたコガタペンギン（Richard Fisher; CC BY 2.0）

ペンギンは一度ある場所で繁殖すると、その後どれほど嫌な目にあわされたとしても、続く数年、その場所から遠ざかることはめったにない。……コガタペンギンは、精神的にも身体的にもこのうえなく逞しい。人間の活動に遭遇したとき、たとえそれが逆境であっても、屈することはない。

——クリス・チャリーズ

海岸線は、どこか特別な感じのする場所だ。海と陸地という二つの世界が出会い、その間に実り多き混乱が生じているからだろうか。人間にとって、この二つの世界のうちの一方、足下に固い大地が横たわる世界は、故郷と呼べる場所だ。しかし、もう一方の世界は、たまさか訪れるだけの場所で、そこでは生活はもちろん、長く生き延びることすら期待できそうにない。沿岸地域が、これら二つの世界が移行する場所であることは、ペンギンにとっても変わらないはずだ。ペンギンにとって、海と陸地はそれぞれ異なる脅威と可能性を秘めた世界である。ただし、海の方がより快適であり、水中ではより機敏に、安全に行動できる一方、陸地にもしっかりと結びついていて、この二つの世界を行き来して生活している。遠い祖先が、空の下ではなく波の下を生活の場としてからも、ペンギンが陸地とのつながりを絶やすことはなかった。そして、自身が受け継いだ鳥類の生態に従い、毎年、産卵と繁殖のために海から陸地へと引き上げてくる。

生物学者のロイド・デイヴィスとマーティン・レナーが指摘したように、もしもペンギンが海洋哺乳類であったならば、おそらく胎生に進化していたことだろう。胎生は「鯨類やジュゴンのように水中を生活の場とする動物にとっての鍵」となるものだからだ（Davis and Renner 2003:88）。しかし鳥類であるペンギンは卵生動物であり、繁殖のためには陸地が必要だ。ウミガメのような海洋爬虫類であれば、一晩だけ浜辺に上陸し、卵を産み落とし、再び海へと姿を消すことも可能だったかもしれない。ところが、ペンギンは恒温動物であり、「孵化させるために卵を温めつづけなくてはならない」（Davis and Renner 2003:88）。多くの海鳥、たとえば第1章で論じたアホウドリとは異なり、ペンギンは繁殖地と餌場の間を飛んで移動することができない。したがって繁殖地を選ぶ際には、もともと必要だった多くの条件に加え、食料を安定して確保できる場所からほど近いという条件も必要になる（Davis and Renner 2003:88）。一生のうちの多くの時間を水中で過ごすというユニークな生態の結果、ペンギンは陸地、より正確に言えば、繁殖のために毎年上陸する少数の場所に対して、他には見られない独自の関係を築き上げることになった。これから見ていくように、そのような特定の場所は、決して代替可能ではない。今日生きる各個体、それまでの各世代の過去の経験を運び、朗々と語り伝える場所なのである。

本章で取り上げるのは、そうしたペンギンの繁殖地の一つ。具体的には、オーストラリアのシドニー湾の入口から少し入ったところにある、マンリーの海岸だ。岩が多く、細長いその前浜では、砂岩の割れ目、水辺の家やボートの下など、さまざまな変わった場所にコガタペンギン（*Eudyptula minor*）が小さなコロニーを作っている。コガタペンギンは、体長が約一フィート（三〇センチメートル）、体重が約二ポンド（一キログラム）と、ペンギンとしては世界でも最小の部類に入り、毎年、繁殖と換羽のためにその場所に戻ってくる。コガタペンギンのコロニーは、オーストラリア沖の島々では大規模なものが今でも作られているが、本土ではそうではない。つい五〇年前には、シドニー湾のマンリー以外の場所でも、東海岸をさらに南に下った地域でも、営巣地があちこちに見つかった。しかし近年では、それらのコロニーはすべて消滅している。マンリーにあるコロニーは、およそ六〇組のつがいからなる小さなものだが、オーストラリア本土では最後の三つのコロニーのうちの一つ、ニューサウスウェールズ州では最後のものだと今では考えられている。

マンリーのコロニーは一九九七年に、同州の「絶滅危惧種保護法」（一九九五年）に基づいて「絶滅の危機に瀕している個体群」に指定された。しかし、こうして保護されはじめたにもかかわらず、コロニーは依然としてさまざまな脅威にさらされたままだ。脅威のなかでも特に重要なのは、営巣地のある海岸線が変容し、ペンギンから奪われていることだろう。この地域の営巣地は、シドニーハーバー国立公園内のノースヘッドにも見つかるが、多くはウォーターフロントの家が立ち並ぶ細長い海岸にある。人間のいる環境が、騒音、明かり、ペットによる捕食などの混乱を通じて、そこにペンギンが存在するのを不可能に、あるいはかなり困難な状態に追い込んでいる。

営巣地の喪失は、一九八〇年代の終わりには誰の目にも明らかになった。マンリー岬にある小さな家の持ち主が、自分の敷地に沿って防波堤を作ったからだ。自分はペンギンを応援してきたが、自分の土地にはもう何年も姿を見せていないから防波堤を作っても大丈夫だろう、というのが家主の言い分だった。しかしその行動は、すぐに地元の環境保全活動家たちに知れ渡ることになった。活動家たちは、ペンギンは意図的に排除されたのだと主張した。その家の持ち主は、防波堤を利用して営巣地に向かうペンギンを妨害し、それでも諦めないペンギンたちが防波堤の抜け道――排水管――を見つけたときは、それさえも塞いでしまったのだという。だがペンギンは、障害物があっても簡単には諦めない。たとえ巣穴をしばらく使っていなかったとしても、コガタペンギンは最後に子育てをした場所を覚えていて、ほとんどの場合、再びそこへ戻ろうとする。生物学の用語を借りれば、その鳥は強い「営巣地固執性」をもっているのだ。実際、マンリー岬で防波堤が作られたあとも、ペンギンたちは海岸に上陸して小さな浜を横切り、階段を上って――コガタペンギンにとってはなかなかの偉業である――通りを進み、今度は別の階段を下り、自分たちを無情にも追い出した家の下を通って、営巣地へと向かったという(NPWS 2000:12)。しかし、この土地はペンギンにしてみれば安全とは言えず、繁殖期の間に車にひかれたり、イヌに襲われたペンギンもいる(NPWS 2000:24)。

小さな家の持ち主が作った防波堤には多くの反対意見が寄せられたが、マンリーでこの種の構造物が作られたのは初めてではなかったし、また最後になることもないだろう。二〇一〇年、私はマンリー岬の前浜に足を運んだが、そのときに見たこの小さな防波堤は驚くほど目立たないものだった。防波堤がぽつんと一つだけあるのではなく、左右に延々と続く防波堤のパッチワークのほんの一部を構成しているにすぎなかったからだ。(1) 湾沿いに建つほぼすべての家に同様の防波堤があり、私有地と海を、そのどちらともつかないような空間――これがあるからこそペンギンは海岸線に容易に到達できるのだが――を排除するかのように画然と切り分けていた。この土地では、防波堤は家と同じくらい古い歴史をもっている。(2) 少なくとも二〇世紀初頭には、自宅の裏庭が湾ではなく私有地であることを明確にするため、あるいは（より一般的なケースとしては）ボートを係留する場所やプールを作る敷地を確保するために、余裕のある家主は防波堤を作ってきた。砂浜はビーチとして大切にされる一方、かつてのペンギンの繁殖地であるありふれた岩の多い浜は、防波堤や護岸で覆われてしまうケースが非常に多い。マンリーも例外ではない。現在、数百マイルにおよぶシドニー湾の海岸線のおよそ半分が、防波堤などの構造物で占められていると考えられる（Chapman and Bulleri 2003）。こうした防波堤は、年ごとに建物が増え、騒音や危険が増していくこの都市環境に暮らすペンギンにとって、問題のほんの一部でしかない。

にもかかわらず、ペンギンは毎年この場所に戻りつづけている。

ある一つのイメージが、私を捉え、揺さぶっている。それは、一羽のペンギンが営巣地に戻ろうとしているが、そこにはもう営巣地も巣穴もなく、環境があまりに変わりすぎていて暮らすこともできないというもので、本章はそのイメージに対する私なりの返答である。海岸に沿って立ち並ぶ住居やプール――人々は、「自然」に近づこうと引き寄せられるが、そのせいで湾に暮らすペンギンのような動物の生活は破綻する。しかし、この「失われた場所への帰還」の物語は、ペンギンや海岸線だけのものではない(3)。帰還するペンギンは、渡り鳥や漂鳥、ウミガメでもかまわないし、海岸に休憩所をさがすアザラシであってもよい。また海岸線は、湿地、干潟、マングローブ林など、さまざまな環境と代替可能だ。世界中の動物たちが、もう存在していない場所を戻るべき場所とみなし、忠実に引き寄せられている。その多くは、陸地に戻るペンギンのように繁殖のために行われ、同様に非常に無防備な状態で実行されている。オーストラリアの都市部の海岸線に暮らすペンギンと人間の物語の背後には、この世界中の動物たちが控えているのだ。動物たちはみな自分自身の物語をもっている。このペンギンの物語が、より普遍的な道すじを開くこと、つまり、失われゆく場所、すでに失われた場所に運命的に結びついている多くの動物に対する関心につながることが私の願いだ。

動物界における「物語られる場」

場所は、抽象的なものでも交換可能なものでも決してない。場所とは、幾重にも重なった関心と意味の層に、入れ子状に織り込まれているものである。[4] このように考えるとき、場所は、生物物理学的な「生《なま》の」景観では捉えきれなくなる。エドワード・ケイシーの言葉を借りれば、「場所はたんなる地面の一画でも、茫洋と広がる大地でも、動かない一群れの石でもない」のだ（Casey 1996:26）。場所はむしろ、「物質的‐言説的」な現象として理解されなくてはならない。デニス・バーン、ヘザー・グドール、アリソン・カッゾウは、その点について簡潔に述べている。「人間は、物理的な変更を加えるだけでなく、社会的、精神的な過程を通じて意味を付与することによって、空間から場所を作り出している」（Byrne, Goodall, and Cadzow 2013:26）。[5] このような理解は、場所がもつ「物語られる」性質を浮き彫りにする。すなわち、場所は、継続的に具現化される間主観的な「場所作り」の実践を通じて、より広い、意味の歴史とシステムに織り込まれ、一体化されるのだ（Byrne, Goodall, and Cadzow 2013; Casey 1996:2001; Malpas 2001）。

場所を「作る」能力をもっているのは、なにも人間だけに限らない。人間以外の多くの動物もまた、「意味の発生器」だからだ（Lestel and Rugemer 2008:9）。エドゥアルド・コーンが指摘しているように、「生物学的な世界は、人間と非人間からなる多種多様な存在が、自らの周囲の環境を知覚し、表現するというかたちで構成される」（Kohn 2007:5）。人間以外の生き物は、千差万別のかたち――その差異は「動物」と呼ばれる抽象概念によってしばしば覆い隠される（Derrida 2008; Peacock 2009）――を通じて、豊かな意味、歴史、物語をもつ場所として世界を構成しているのである。バーバラ・ノスケは次のように述べている。「世界を社会的、集団的に構築するのは人間主体だけではない。……動物主体もまた、そうしている。動物による構築は、私たち人間によるものとは著しく異なるだろうが、それでも、現実であるという点で劣ることはないだろう」（Noske 1989:157-58）。

人間以外のさまざまな動物にも、意味づける能力があるのではないか。二〇世紀初頭のエストニアの生物学者、ヤーコプ・フォン・ユクスキュルが行った研究は、そうした問題を科学を通じて真剣に受け取る試みの中心に置かれるものだ（Uexküll（1934, 1940）2010）。ユクスキュルが「環世界（ウンベルト）」、つまり生物が暮らす経験的世界、知覚環境について語ったのは、この文脈でのことだった。各生物は、その独自の身体性――視覚や聴覚などの諸感覚――や、具体的なニーズ、欲求、生活史によって、それぞれ異なるかたちで周囲の環境を知覚している。その結果、さまざまな環世界が生まれることになる。ユクスキュルは、こうしたアプローチをとるにあたり、動物は「物理化学的な機械」であって、その行動は単純な「本能的、機械的反応」により説明できるとする考えを退けた（Buchanan 2008:7, 31）。それに代わって彼が提示したのが「主体の生物学（biology of subjects）」である。

ブレット・ブキャナンの言葉を引用すれば、主体の生物学において、生物は、「意味のある記号があふれているものとして周囲の環境を積極的に解釈する。生物はただの受け身の道具でもなければ、メッセンジャーでもなく、意味のあふれた環境の創造に積極的に参画しているのだ」(Buchanan 2008: 28, 31-32)。

私たち人間が、このような動物主体の経験世界を把握するのは例外なく困難で、ある程度は不可能でもある。理由はいくつかあるだろうが、私たちが自分の身体性を通じてしか世界にアクセスできないということも、その一つに違いない。たとえば、反響定位を利用して聴覚的にマッピングしたイルカの世界を人間が十全に理解するのは、おそらく不可能であろう(Noske 1989:159)。クジラについても同じことが言える。ドリオン・セーガンは、遠く離れた場所でも歌でコミュニケーションできるシロナガスクジラの能力を論じた際に、次のように述べている。「このクジラの巨大な環世界には、多感覚を用いて作った、海の大部分についての驚くべきイメージがあるのかもしれない。だが、たとえそのイメージに直接アクセスできたとしても、それを処理することは人間にはとてもできないはずだ。それをするには私たちの脳は小さすぎるのである」(Sagan 2010:23)。もちろん、私たちが他の動物の世界にアクセスできないからといって、その世界を――たとえ不完全であろうとも――記述しようという試みを止めるべきではない。ましてや、そうした動物たちが意味のある世界に暮らしていることを否定する理由にしてはならないだろう。

以上のことから、本章では、マンリーのコガタペンギンの経験世界を中心に取り上げていくことにする。私が興味をもっているのは、コガタペンギンとその営巣地がある海岸線の関係だ。容易に想像できると思うが、私が関心を向ける先は、適切な営巣「生息地」の生態学的な必要条件にとどまらない。そうした場所をペンギンがいかに「物語る（story）」のか、ペンギンにとって繁殖地はどうやって歴史と意味をもつ場所へと変わるのかに興味があるのだ。ここで「物語る」という言葉を使っているのは、ペンギンは人間と同じように場所を知り、場所を「実践する」のではないと私が考えているからである。また、そうした考え方のレンズを通じて見れば、ペンギンと場所の関係が生産的に理解されるかもしれないとも考えている。ここ数十年の間、人間の「場所作り」というテーマについては、数多くの議論がなされてきた。しかしその一方で、人間以外の動物が自分たちの場所について物語る、その複雑で多様なあり方については、それほど注目を集めてこなかった。

ここで用いている「物語る」とは、世界で生じたことを、連続した、意味のある事象として扱う能力のことを指す。この概念は基礎的ではあるが、非常に重要なものだ。環境史家のウィリアム・クロノンは、「ナラティブ」と「クロノロジー（年代順配列）」の間に示唆に富む区別を設けている（Cronon 1992:1351）。それによると、まずクロノロジーとは、事象を発生順に並べた単純なリストである。それに対し、ナラティブ、あるいは物語るとは、そうした事象を一つに編み上げていき、文脈と意味とを生成するものだ。ナラティブの中心にあるのは、つながりと関係である。そこで事象は、ランダムな順序でとりとめなく生じるのではない。各事象は互いにつながっていて、さまざまなかたちで相互に影響し合ったり、原因や結果になったりする。「物語る」とは、事象について語ることにおいて、あるいはたんに自分自身が得た、世界の「物語られた経験」において、こうしたつながりを織り上げることなのである。

使われている言葉こそ違うが、「動物の心」をめぐる多くの議論においていまだ問題となっているのが、まさにこのナラティブとクロノロジーの区別である。アイリーン・クリストは、動物行動学の歴史と哲学を説明するなかで、世界における事象を「連続的につながったもの」として経験するか、あるいはたんに「順番に置かれたもの」として経験するか、という区別を設けている（Crist 1999:170）。クリストの指摘によると、行動と認知に対する還元的で貧相なアプローチの多くは、動物が世界に対してまとまりのある経験をもたないかのように表現する傾向があるという。むしろ動物の行動は、主に「本能」や「刺激－反応メカニズム」によって動物たちに「起こったこと」として認識されており、自分の行動や世界におけるより広い事象がいかに原因や結果とつながっているのかについて、動物たちが包括的に把握、推論した結果もたらされたものとしては理解されていない。そのため、動物の生活とは「順番に置かれた」経験の断片的で不連続な集合であり、それは次々に生起するが、動物自身にとっては意味のあるまとまりを欠いている、というイメージが優勢になってしまった（つまり、クロノンの用語を借りれば、「ナラティブ」ではなく「クロノロジー」が優勢になっている（Cronon 1992:1351））。

しかし、過去数十年の間に、倫理学、認知科学、および関連分野の研究によって次第に明らかになってきたように、これは（人間という動物だけでなく）多くの動物が自分の世界を体験する方法ではない（Allen and Bekoff 1999; Goodenough, McGuire, and Jakob 2010; Wynne 2002）。ダーウィンがはるか昔に指摘していたように、進化は、人間の精神的、感情的能力を、動物界の他のメンバーの能力と連続したものとして理解することを要求している。「人間と高等動物との間の心の違いは、それが大きいとしても、たしかに程度の差であって、種類の差ではない[6]」（Darwin 1871:101）。ダーウィンやそれ以降の多くの人々が、動物の経験を「連続的につながったもの」、つまり、行動や出来事が互いに関係し合うことによって意味のある文脈に置かれる世界であるというイメージを提示したのは、こうした理解を念頭に置いてのことだった。クリストが指摘するように、まさに「まとまり」があり「連続的」な時間のなかに身を置いているからこそ、出来事や行動が互いにしっかりと結びつくという経験が可能になり、動物は「意味のある世界」(Crist 1999:170)、つまり私がここで「物語られた経験」と呼んでいるものを生きられるのだ。

そこで本章では、コガタペンギンの生物学、生態学、倫理学に関する最近の研究と、人間科学や社会科学においてこれまで行われてきた人間中心主義的な研究との対話を試みることにする。その試みによって、動物たちの千差万別のかたち——人間以外のさまざまな動物が、自分たちの場所を理解し、それを意味あるものにする際に依拠している方法——を真剣に受け取ることが、どのような意味をもつのかを検討できるだろう。物語られる場所とはさまざまな種が作り出したものに他ならないと説明することからは、場所についてのどのような対立する主張が現れるだろうか？　より具体的に言えば、マンリーのペンギンが特定の繁殖地をどのように物語るかを真剣に受け取ることには、いかなる意味があるのだろうか？

ペンギン、物語、場所

コガタペンギンはフィロパトリーをもった鳥である。フィロパトリー(philopatry)とは、文字どおりには「故郷に対する愛」を意味するが、生物学では、動物が自分が生まれた（孵化した）場所に繁殖のために戻る傾向を指す。出生地に対するこうした愛着がいかに発達するのか、正確にはいつごろ芽ばえるのかについては、わかっていない。しかし好奇心を募らせた生物学者たちが、過去およそ五〇年にわたり、さまざまな日齢の海鳥のひなを別のコロニーに移動させ、それらのひなが成鳥になってからどの場所に戻るのかを観察している。こうした数々の人為的な地理的混乱から見えてきたのは、フィロパトリー的な愛着はすべて、孵化の瞬間から巣立ちまでのどこかの時点で芽ばえているということだ。では、その魔法の瞬間の前にひなを移動させてしまうとどうなるか？　その場合、移動させられたひなは、その場所で実際に孵化したひなとほぼ同じ割合で、その移動先の土地に繁殖のために戻ってくると予想される（Serventy et al. 1989）。過去三〇年にわたってニュージーランドのコガタペンギンを詳細に調査してきたクリス・チャリーズによると、移動先に愛着を生じさせるためには、ひなが初めて海に出る前、生後およそ五五日より前に移動させなければならないという[7]（Challies pers. comm.）。

フィロパトリーがどのように発達するかはさておき、コガタペンギンの大半は、その強い愛郷心によって、繁殖のために自分の生まれ故郷へと戻ることになる。その際は、長い距離を移動することも決して珍しくない。実のところ、たとえ性的に成熟する前であっても、繁殖期の夜になると、数多くのペンギンが自分の生まれた場所へと戻り、海岸へと上陸するという（Challies pers. comm.）。一方で、自分が孵化したコロニーではない場所を訪れ、そこで繁殖することを選ぶ個体も少数ながら存在するが、ある場所をいったん繁殖地として選択すると、そこが自分の生まれ故郷かどうかとは関係なく、その場所を長く繁殖地として使いつづける（営巣地固執性）。このようにペンギンと営巣地の結びつきは非常に強いため、安全ではない営巣地からコガタペンギンを退避させるときに、生物学者がその結びつきを利用することもあるほどだ。たとえば、一九九五年にタスマニア島沖で石油流出事故（石油タンカー「アイアンバロン号」の座礁が原因）が起きたときは、付近の繁殖地から数百マイル離れた場所へとペンギンを移送させた。繁殖地に泳いで帰ってくるには長い時間が必要だったため、その間に石油で汚染された海域を清掃できたと同時に、飼育した場合に生じるかもしれなかった病気やストレスの危険を最小限に抑えることもできた（Hull et al. 1998）。

面白いことに、繁殖地に対する固執性は、空間的にきわめて限定されている場合が多い。つまり、コガタペンギンが毎年戻ってくるのは、同じ営巣地という大きなくくりにとどまらず、同じ巣穴であるのが普通なのだ（Rogers and Knight 2006）。とはいえ、固執性は絶対的なものではない。オーストラリアおよびニュージーランドのコガタペンギンのコロニーを対象にした詳細な調査では、繁殖の試みが失敗した翌年には、巣の場所を変える可能性がずっと高くなることが示されている（Bull 2000; Johannesen, Perriman, and Steen 2002:245; Reilly and Cullen 1981:81）。エッダ・ヨハンセンらの研究によると、こうした巣の場所の変更は、近隣に条件の良い営巣地が見つかるかどうかに、ある程度かかっている可能性がある(8)（Johannesen et al. 2002:245）。

ペンギンがなぜ同じ場所に戻ってくるかについては、これまでさまざまな説明がなされてきた。たとえば、上質かつ慣れ親しんだ巣を継続して使用するため、あるいは、巣や巣穴を用意する時間を最小限に抑えながら、過去のパートナーと再会する機会を増やすため、とも言われている（コガタペンギンは、営巣地ばかりでなく、交尾相手、特に過去に繁殖が成功した相手に対しても固執性を示す（Rogers and Knight 2006)）。また、同じコロニーに暮らす他の個体が重要だからという説明も考えられる。それを裏づけるように、海で活動するコガタペンギンが、特定の仲間とばかり交流している可能性を示す研究もある。この傾向は、食料さがしという、きわめて重要な活動の成功率を高める効果をもたらしているのかもしれない[9]（Daniel et al. 2007）。

繁殖地もさることながら、コガタペンギンにとってはコロニーの存在も非常に重要だ。多くの海鳥がそうであるように、このペンギンもまた、同種の鳥がいない場所には営巣しないとされる。したがって、海から上陸するとき、同種の鳥の姿や鳴き声は重要な要素となる。巣を作り終えたあとでさえ、ペンギンは沖合で群れを形成し（これは「筏《ラフト》」と呼ばれている）、集団で浜にやってくるのが一般的だ。年若いペンギンが自分の生まれ故郷に戻り、そこが放棄されているのを見つけた場合、その地で繁殖しようとすることはまずない。録音した鳴き声や模型を使ってペンギンなどの海鳥を新しい繁殖地に誘い出す実験が一定の成功を収めていることからも、同種の存在の重要性が確認できるだろう（Gummer 2003; Podolsky 1990）。

これらの研究成果からは、コガタペンギンの陸地での行動に見られる一般的なパターンが浮かび上がってくる。繁殖や営巣地に対する固執性には大きな個体差があるようだが、その一方で、どのペンギンであっても、営巣地との関係を築くうえではさまざまな要因が関与していることもだいたい確かなようだ。場所はここで、物語られる風景として立ち現れてくる。つまり場所は、ペンギンの生涯を通じて、変化する価値と意味と共に、記憶され、再解釈され、染み付いていく。最初は、生まれた場

コガタペンギン（Kenneth Fairfax; CC BY 2.0）

所へ戻ろうという引力があるだけだが、その引力はやがて、生まれ故郷で生じた何らかの変化——その個体の経験（過去の繁殖の成功や失敗）、他のペンギンの存在など——に影響を受け、変質していく。

こうした物語は、すでにある世界の上にただ重ねられているのではない。物語は、その場所やそこに暮らすものがいかに現在のようになったのか、というところから生まれると同時に、そのあり方にも影響を与えている。物語られる海岸、物語られるペンギンのコロニーは、絡まり合った「生成／なること」のプロセスにおいて、ここで姿を現す。そこでは、どの関係項も、その関係が存在する前には（少なくとも現在の形では）存在していない（Barad 2007）。ペンギンにとって、営巣に適した環境をもつ海岸線は一部しかない。他方、いったん営巣する場所を定めると、ペンギンたちは、穴掘り、繁殖、採餌、排泄など、さまざまな手段でその土地に物理的な変更を加えていく。たとえば、ペンギンや他の海鳥由来のグアノ〔化石化した糞〕は、沿岸部や小島の栄養循環において要《かなめ》となる場合が多く、どの生き物にとっても重要な窒素などの栄養を堆積させている（Gill 2012; Muller-Schwarze 1984:26; Stearns and Stearns 1999:9-10）。

忘れてはならないのは、海岸線がペンギンによって変えられていくと同時に、ペンギン自身もまた海岸線との関係を通じて変容していくことだ。マンリーのペンギンは、おそらく数世紀以上の長い期間にわたって、その地域特有の環境に自身の繁殖行動を適応させてきた。たとえば、マンリーには巣穴を掘るのに適した砂地やタソックグラス〔房状の植物〕がないため、ペンギンは主に砂岩の割れ目を巣として利用する必要があった（Bourne and Klomp 2004:131）。近年になってからも、繁殖行動を適応させざるをえなかったが、それは絶えず変化する都市環境を利用するため、あるいはそれから身を守るために生じた変化だった。その結果、マンリーのペンギンは、家、納屋、ボートといった構造物や自動車の下などの暗くて乾燥した場所に巣を作ることもある。ジュリー・ボーンとニコラス・クロンプは、「営巣行動のこうした変更によって、コガタペンギンは、シドニー湾の高密度に都市化された環境でも生存できるようになった」と述べている（Bourne and Klomp 2004:131）。

現在のマンリーは、かつては多くのペンギンが行き来していたシドニー湾において、ともかく生存が可能な唯一の場所になっている。生息地の数は大幅に減り、今ではたった一つの小さなコロニーが、なんとか踏みとどまっているにすぎないという状態だ。私たちは、物語られる場所というレンズを通して考えることで、ペンギン、場所、そしてその二つをつなぐ物語が、いかに互いの利害に関係し、愛着と関係の通時的なパターンを通じて再形成されるのかを理解できるだろう。

愛された場所、失われた場所

コガタペンギンがマンリーに営巣するようになったのは、イギリス人がニューサウスウェールズに入植するよりもはるか昔だと言われているが、それが正確にはいつ頃なのかはわかっていない。入植から間もない一九世紀中頃には、マンリーの浜はすでにシドニー住民の大切な憩いの場になっていた。当時の移動手段はフェリーで、「シドニーからは七マイル、悩みごとからは千マイル」と謳われた海辺の行楽地だった（Curby 2001）。その後、シドニーが数十年かけて拡張していくなかで、マンリーもその都市に吸収されていき、ペンギンにとっては新しい問題が次々に出現することになった。この地域にペンギンが暮らしていたことを示すもっとも古い記録は、一九一二年のものだ。しかし、シドニー湾のマンリー近辺にペンギンの大きな群れがやってきたことを報告するだけで、繁殖活動については何も語っていない（*Evening News* 1912）。また、一九三〇年代、四〇年代の新聞記事にペンギンが登場することもあり（*Sydney Morning Herald* 1936, 1948）、クアランティーン岬で繁殖をするコロニーに関する言及もある（*Sydney Morning Herald* 1931）。この岬には、今日も少数のペンギンが暮らしている。

一九五〇年代中頃のある新聞記事には、マンリー付近で繁殖するペンギンの話題が再び取り上げられている（*Sunday Telegraph* 1954）。それを読むと、当時のコロニーが現在に比べてかなり大規模だったことがわかる。どうしてわかるかといえば、その記事は、一晩で三〇〇羽以上のペンギンが撃ち殺されたという、海岸で起きた「破壊行為」を報告するものだったからだ。記者はその暴力行為を嘆いているが、一九五〇年代のシドニー市民の多くが、自分の土地をコガタペンギンと共有することに不満を抱いていたのは明らかだ（同様の暴力行為は二か月後にも起きている。シドニー北部のテリガルビーチで三〇羽のペンギンが「ごろつき」によって殺されたのだ（*Sun-Herald* 1954））。ペンギンに対する住民たちのこのような態度は、ある月刊誌の一九五六年一二月号に掲載された小さな見開き写真に如実に現れている。それはマンリーの海岸から六マイルほど北上したところにあるナラビーンでの写真で、住民たちが自宅の下にある隙間を塞いで、ペンギンがそこに巣を作るのを防いでいるところを撮影したものだ（*Australian Women's Weekly* 1956/12）。地元住民にとって特に耐え難かったのは、ペンギンが引き起こす騒音だったようだ（記者はそれを「午前三時のビーチパーティー」と形容している）。「昼間にやってくるのは歓迎されても、日が暮れて食料をさがしに海へ向かうと、その音で誰も眠れなくなるほどだった」。ペンギンは保護動物であるため、住民はその侵入を防ぐ対策しかとれなかった。「ペンギンがいる間は試練に耐える」しかないことを認めよう、と記事は締めくくられている[10]（*Australian Women's Weekly* 1956:22-23）。

そうした状況にも、今日までに多くの変化があった。ニューサウスウェールズにあったペンギンのコロニーはほぼすべて姿を消し、ナラビーンのコロニーももはや存在しない。防波堤を作る人たちのことを先ほど紹介したが、マンリーの住民の一部には、保護動物であるペンギンが「自分たちの」土地に営巣しないよう創意工夫を凝らす、長い伝統が生きつづけている。とはいえ、全体を見れば、ペンギンの侵入を阻止しようという住民の努力は小規模なもので、地域の熾烈な過密化によって生じる繁殖地の消失に比べれば、影響ははるかに小さいと思われる。マンリーは、オーストラリアを代表する浜辺のベッドタウンだ。観光客、移住者は、過去数十年にわたり着実に数を増しており、その傾向は今後も間違いなく続くだろう。上昇する地価によって土地はさらに細かく分割されていき、居住地も海に向けてじりじりと拡張している。湾が見える場所にプールを作るのも人気だが、それとてもコガタペンギンにとっては命取りになる場合がある（毎年数羽がプールで溺死している）。

コガタペンギンが毎年帰ってくるのは、このように人間であふれた場所である。七月頃になると、ペンギンたちはシドニー湾の入口に姿を現し、ノースヘッドの南側を回って、海岸線とその先にある巣穴を目指す。巣穴に到着したあとは、およそ八か月にわたり、通常は闇に紛れて陸地と海を行き来する。やがてひなが巣立つと、親鳥は海へと戻って数週間を過ごし、たっぷりと餌を食べて体重を増やしてから、年に一度の換羽のために再び陸地に戻ってくる。換羽の期間はおよそ二週間。この時期には羽がなく、海中で体温を保てず餌がさがせないため、断食状態となる。

ペンギンを見たことがある人なら専門家ならずとも知っているように、この鳥は陸地での生活に理想的な構造をしていない。捕食者、ボート、釣り糸、その他の汚染など、水中での危険が皆無なわけではないが、陸地での鈍重なよちよち歩きは、オーストラリアのイヌ、キツネ、ネコ、猛禽類といった捕食者の格好の餌食であり、ときには人間の標的になることもある。この状況は、繁殖と換羽のために長期にわたって水から出ている必要があるペンギンにとっては、さらに厳しいものになる。したがって、繁殖にも換羽にも、よく乾いた安全な巣穴が必要であり、そこに戻るために海岸へと向かっているとき——自分が生まれた場所、自分の子供が生まれるかもしれない場所、そうした不安定な時期に安全であるべき場所に戻るとき——こそが、ペンギンにとってもっとも無防備な瞬間になる。

この地域で進められている都市開発は、ペンギンのコロニーをさまざまなかたちで侵害している。

たとえば、海岸沿いに暮らす住民の数は増えつづけているが、それはとりもなおさず、より多くの人間が海辺で活動し、より多くの飼い犬がペンギンを脅かし、より多くの騒音や光が発生することを意味している。こうした状況はすべて、ペンギンを死に直接追いやるだけではなく、巣穴に戻ってひなに餌を与える親鳥を妨害することで、ひなの健康状態を悪化させ、生き残る可能性を低下させる恐れがある（NPWS 2000:24）。また、言うまでもなく、都市の過密化は、その地域から営巣地が消える直接の原因になっている。営巣に適した場所が住宅やプールに変わり、巣に向かうペンギンの通り道が壁などの構造物で塞がれてしまうからだ。いま挙げたような諸々の圧力が組み合わさることで、繁殖地の利用可能性は著しく低下する。絶滅の危機に瀕したペンギン個体群の保全活動を行う団体、国立公園野生生物保護局（ＮＰＷＳ）によると、好適な繁殖地の喪失は、コロニーにとって「重大な脅威」であり、ペンギンの「分布を制限する主要な原因だと思われる」という（NPWS 2002a:13）。

狭くはあるが、双方にとって価値の高いこの沿岸地域、海と増えつづける建造物に挟まれた岩の多い前浜に、ペンギンと人間が一緒くたに押し込まれている。この空間は、入江を望むことができ、海へのアクセスが良いという点で、人間の住民には非常に魅力的な場所である。しかし、ペンギンのための場所をしっかり確保しようとしない、あるいはそれができない地元コミュニティの姿は、オーストラリアや他の国の海岸沿いにあまりにもよく見られる憂慮すべき側面を浮き彫りにしているようだ。シドニー湾は人々から高く評価されている。だがそれは、人間に心地良さを提供する土地——海岸（防波堤の方が現実的だろうか）に波が静かに打ち寄せる場所——として好まれているのであって、都市の外れの海辺に暮らす人間以外のさまざまな動物にとってきわめて重要な場所であるという視点に立って評価されているのではない（NPWS 2002b）。

ペンギンの営巣地が見る間に消えていった背景には、この鳥の存在を消し去り、それがもつ営巣地の権利をまるで認めない、言説の枠組みがある。この事実は、「望まれない訪問客」や「取り戻された」海岸線という表現が使われているのを見れば、誰の目にも明らかだろう。「取り戻す（reclaim）」の接頭辞（re）には、当然のことながら、その対象がかつて誰かの所有物だったという含意がある。本章の文脈に従えば、海岸線は占有されるのでも、奪われるのでもなく、正統な持ち主に「返還（return）」されるのだ。さらに、reclaim という単語には、もう一つ「再利用する」という重要な意味がある。たとえば、土地や資源に対して使うときは、そのままだと無駄になってしまうものに変更を加えたり、利用方針を変えることを指す。オックスフォード英語辞典の reclamation の項には、「荒地、特にかつて水没していた土地を耕作や建築に適した土地に変えること」という説明が載っている。こうした視点をシドニー湾に当てはめてみれば、かつてのこの場所――安全な巣穴とその先の土地への通り道をペンギンに提供する岩の多い海岸線――は、無駄であり、不適切な存在だったと認識することになってしまう。その場所を有意義なものにする唯一の方法は、人間のために使うことだ。裏庭を広くしたり、湾に迫り出した「インフィニティ・プール」を作ってみればいい、というわけだ。

同様の力学は、ペンギンを「訪問客」として位置づけること、とりわけナラビーンのように望まれない客として認識することにも働いている。そして、こうした位置づけを支えているのが、人間こそがその土地の正当な所有者だという考え方だ。海岸線は「自分たちの土地」であり、他者を迎え入れるのも迎え入れないのも、自分たち次第と考えているのである。海岸線に対する私たちのこのような主張の枠組みは「選択的健忘に罹患して」おり、それ以前にあった「収奪」を見えなくさせるものだ（Diprose 2002）。人間による海岸線（さらに言えば国土）への定着、その結果生じる環境の劇的な変化は、そこに暮らしてきた他者や、その他者が場所に対して有する当たり前の権利を覆い隠し、蝕んでいく。ロザリン・ディプローズが指摘しているように、贈与という行為は、多くの場合（常にと言っていいかもしれない）事前の収奪と囲い込みを前提とし、しかもそれが認識されない、あるいは意図的に不可視化されているケースが珍しくない（Diprose 2002）。そしてこのことは、オーストラリアの先住民、もしくは近年の移民や難民の扱いとも明らかにつながっている。それらの人々は、土地に対する法的な権利を一切もたない存在として、しばしば同じような立場に立たされているからだ。

とはいえ、ここでの関心の中心は、かつて湾内とその周辺地域に暮らしていたペンギンや、多様な動物が姿を消してしまったことだった。存在の軽視によって、あるいは意図的な（ときに暴力的な）活動によって追い出された動物たちのなかには、一部の人々の支援や積極的な受け入れのおかげで、元の場所に戻れたものもいれば、同じ場所でしぶとく暮らしつづけているものもいる。しかし、それは誰が設定した条件に合わせて行われたのだろうか？　いったい誰が誰のために場所を用意する必要があったのか？　こうした疑問と同じくらい重要なのは、「訪問客」という言葉が、過去に行われた動物たちの排除や要求をかき消すことにいかに加担しているのか、という問いだ。ある場所に暮らすということが常にかりそめのことでしかなく、しかもその状況は「私たち人間」の都合に応じて変わるような不安定な未来を作り出すことに、その言葉はいかに貢献しているのだろうか（Thomson 2007; van Dooren and Rose 2012）？　要するに、ここで問題になるのは、「海岸線にペンギンを訪問客として歓迎する私たちとは何者なのか?」ということだ。ジャック・デリダが述べているように、「そこが自分の家であること。家にいるとはどういうことかを知っていること。家に喜んで迎えたり、招待したり、もてなしたりして、他者を受け入れる(accueillir)場所を自分のものにする、あるいはもっとひどい場合は、場所を自分のものにするために他者を受け入れること。歓迎するとは、そうしたことのほのめかしなのかもしれない」(Derrida 1999:15)。だが、コガタペンギンをはじめ、都市部に生きる人間以外の生物の多くは、「訪問客」として歓迎されることすらない——その存在と要求は二重に消し去られているのだ。

匿われる世代

ここまで見てきたような考え方に従えば、ペンギンに関心を向けるとは、既存の物語以外の物語、しばしば「語られることのない」物語に耳を傾ける技術を磨くことを意味する。言い換えれば、消えゆく世界において「人間以上の存在」が生み出す意味と場所について、深く理解できるようになるということだ。ウィリアム・クロノンは、「ナラティブは、この世界でもっとも重要な倫理基準《モラル・コンパス》である。人間はそのコンパスを使って、自らの行動を動機づけ、説明する。それゆえ、私たちが語る物語は、この世界における私たちの行動のあり方を変えるのだ」と述べているが、私もこの意見に賛成だ(Cronon 1992:1375)。とはいえ、新しい物語を語れるようになれば、それですぐに他者とよく生きられるわけではない。他者と生きるには、その他者の物語に対する関心の向け方も更新していく必要がある――たとえその物語が語られていなくても、あるいは人間以外の言葉で語られていたとしても。このアプローチをとるにあたり、ナラティブとは本質的に、そしておそらく構造的に、人間だけがもつ能力だという一般的な考え方は明確に否定される（Kearney 2002:3）。ナラティブは「現実を組織化する際に用いる人間特有の方法である」（Cronon 1992:1367）とクロノンが主張するときに依拠しているのも、この考え方のようだ。しかし、ペンギンのような経験する存在もまた、自分自身にとっての世界を「表象」している（Kohn 2007:5）。ペンギンは、諸感覚からの情報を、意味のない現象として無加工で受け取っているだけではない。経験から意味をつむぎ出すことで（van Dooren and Rose 2012）、人間のように「絶えず物語られる世界に暮らしている」のである（Cronon 1992:1368）。多種《マルチスピーシーズ》によって作られるこれらの多様な視点は、「自然は沈黙する」という単純な考え方、別の言葉で言えば、自然とは人間が意味を刻み込むのを待つだけの物語られない風景であるという考え方に地殻変動をもたらすだろう(11)。

ペンギンやその他の生物の物語に目を向けることで、私たちは、人間中心主義的なナラティブ、海岸沿いの人間以外の動物たちのニーズや声を包み隠してしまうことがあまりにも多いナラティブに対して、異議申し立てを行う。それによって私たちは、海岸という共有された場所に対する人間の理解や意味づけの自明性を揺さぶるのである。この作業は、倫理的な関係の構築に向けた最初の一歩となるだろう。ヴァル・プラムウッドはいみじくも次のように述べている。「地球に生活する他者を、同胞として、そしてナラティブの主体として認識することは、あらゆる倫理的、協働的、交流的、共生的な作業において、きわめて重要である」（Plumwood 2002:175）。

マンリーという地域を思い浮かべるとき、人間は、海岸部にとどまらず、それをシドニーという大都市の一部として考える場合が多い。一方、人間とはまったく異なる地理的環境に暮らすペンギンは、その地域がどのような意味をもつのか、周囲の環境にどのように収まり、相互作用しているのかについても、まったく異なる感覚をもっている。ペンギンたちは、浜の先にある大都市のことなどほとんど意識していないだろう。そうではなく、繁殖の成功に不可欠な魚やイカを豊かに蓄えた海へとつながる細長い土地として捉えているはずだ。そこは岩だらけの場所であり、他の営巣地で使われているものとはずいぶん違うが、それでも捕食者から身を隠せる堅固な巣穴が用意されている。しかしペンギンにとっては、現在のマンリーから受ける利益や不利益よりも、自分たちが何世代にもわたってその土地に親しみ、利用してきたという事実の方が重要なのかもしれない。同じ場所に戻ろうとする鳥のメカニズムについてはほとんど何もわかっていないが、それでも、その場所こそが何らかのかたちで鳥たちを呼び戻していることは間違いない。

先述したとおり、このような関係は、純粋に物理的な諸特徴や関係を指す「生息地」という概念が通常意味する範囲を大きく逸脱している。従来の生息地は、その大部分が交換可能な場所として現れる。このことは、オックスフォード英語辞典の「生息地（habitat）」の項に、「主として、海岸、岸壁、白亜質の丘など、その場所の種類を指すのに用いられる」（傍点は著者）とあることからも明らかだ。ある場所が、特定の種の生存や繁殖に必要な生態学的、生物学的特徴を備えているとき、そこは、その種にとって「適した生息地」となる。たとえば、コガタペンギンの例で言えば、繁殖のための生息地はあまり暖かすぎてはいけない（陸地ではすぐに体温が上昇するため）。十分な食料供給源が近くになければならない（卵やひなを守るには、そう遠くまで移動できないため）。また、海のほど近くによく乾いた安全な巣穴が必要であり、仲間が数多く暮らしていなければならない。

こうした特徴はどれも重要なものだが、ここまで見てきたように、コガタペンギンが繁殖地について知り、その価値を見積もろうとするには、これらの特徴だけではとても足りない。つまり、このような条件を満たした土地であればどこでもいいとは言えない。「故郷」となるのはたった一つのコロニーであり、しかもそのなかのたった一つの巣穴なのである。その場所が内包するペンギンの歴史と物語は、生態学的な要素の総和以上のものだ。ペンギンの繁殖地を記述するにあたって「生息地」にだけ目を向けることは、それら特定の場所とペンギンの関係の真の重要性と、ペンギンが自分なりの豊かな意味と物語をもった世界に生息しているという事実の両方を否定する、あるいは都合よく忘れるような思考の枠組みを提供することになる。ペンギンを海岸線から追い出しても私たちがいたって平然としていられるのは、このように、ペンギンと場所の関係を重要な事柄――意味のあるもの、必要不可欠なもの――として認識できない、認識しようともしないからだ。こうした考えをもつ人間にとって、ペンギンが強奪されたのは、家でも、意味のある重要な場所でもなく、代替可能な「生息地」の一部なのである。ペンギンと場所の関係がいかなるものかが認識できなければ、その関係の意義は蝕まれ、ひいてはペンギンがその場所に対して主張していることの重要性も損なわれるだろう。ペンギンは「生息地」に暮らしてはいない。むしろ、巣穴が「故郷」として意味をもって理解されるような、経験的な世界に身を置いているのだ。

こうした特定の場所は、いま見たような独特の関係を通じて、ペンギンが世代をつなげていく可能性を支え、保護する。この見方に立てば、これらの場所の喪失は、将来の世代の可能性に大きな影響を及ぼすことになる。繁殖地が安全でなくなったり、消え去ったりしても、ペンギンがその場所ではもう繁殖できないと判断し、すんなりと立ち去ることはないだろう。本章のエピグラフでクリス・チャリーズが述べているように、コガタペンギンは、最初に繁殖を行ったあともその近辺にとどまる傾向がある。「コガタペンギンは、精神的にも身体的にもこのうえなく逞しい。人間の活動に遭遇したとき、たとえそれが逆境であっても、屈することはない」(Challies pers. comm.)。

他のペンギン種では、脅威があまりに深刻になって繁殖地を変えた例がわずかに見つかるが、非常にまれな行動であることには変わりない(Gummer 2003:17)。ペンギンは自分の繁殖地に固執する。繁殖相手が殺されたり、仲間のペンギンの数が増えすぎると、巣穴を捨てることもあるだろうが、それ以外では深刻な変化にもほとんど反応しない。そのため、環境がさらに悪化していけば、戻ったペンギンの大半が死んでしまうという事態も生じうる。あるいは、そこまでいかなくても、繁殖成功率が低下して個体数が維持できなくなることはあるだろう。

ペンギンたちが示す極端な愛着を見て、なんて愚鈍な、考え足らずの生物だと思う人もいるかもしれない。しかし、ペンギンの知性は、私たち人間を含むあらゆる動物の知性と同様、長い進化の歴史によって作り上げられてきたものだ。その歴史のなかで、どのような現象や環境の変化に敏感に反応すべきかが決定されたのである。ここまで見てきたように、ペンギンは繁殖地を評価する際にさまざまな要因に反応している。だが多くの場合、その要因のなかに、人間が随所でもたらしつづけている大規模な環境変化は含まれていない。このことは、アホウドリなど、人間が新たに定着した土地に暮らす鳥にとっても同じである（第1章）。それゆえ私たちは、動物とその経験世界について、（人間からは）不合理に見える行動を愚かさの表れ、あるいは世界と意味のある関係を築く能力や精神の欠如と捉えるのをやめ、人間以外の多様な感受性を尊重するような考え方を培っていく必要があるだろう。これは、人間と動物のどちらが知能が高いかという話ではない。それぞれの種の生き方にふさわしい「さまざまな感受性」に関する問題である。ロベルト・マルケジーニは、同様の立場から、「多重知能（multiple intelligences）」という概念を用いてこの問題が理解できると提案している（Bussolini 2013）。コガタペンギンの例で言えば、重要なのは、自分の営巣地で現在起きている危険な変化の多くに対して、たんにペンギンたちが感受しやすいようにはできていないということである。

これらの物語られる場所は、ある重要な意味において、過去の世代からの贈り物として理解できるかもしれない。物語られる場所は、個々のペンギンの生活や経験を通じて形づくられるが、たった一羽でそれが生まれるわけではない。そうではなく、祖先が積み重ねてきた経験として代々継承していくものなのだ。子が親の営巣地を利用するとき、生産的で安全だとわかった特定の場所とのきわめて重要なつながりが、維持され、受け継がれていく。もしすべてが順調に進めば、つながりはその次の世代にも受け継がれ、しかもそれはおそらく少し違ったかたちに変化していくだろう。このように考えたとき、物語られる場所は、そこに暮らしてきた種の進化とコロニーの歴史に、それ自体が深く絡まり合うことになる――フィロパトリーを介して場所を理解し、関係を築く鳥たちの能力、そして、孵化を通じて新しい世代につながった特定の場所、その両方が鳥たちが継承する重要なものを形成しているのである。

この過去の世代からの贈り物は、ペンギンとその営巣地が互いを包含していること、そのあり方のもう一つの重要な側面を浮き彫りにする。個体の生活、そしてコロニーと種の生活（進化という気が遠くなるほど長大な時間の枠組みで繰り返されてきたもの）のどちらにおいても、ペンギンと営巣地は互いにとって重要であり、すっきりと切り離すことはできないのだ。あらゆる生物がそうであるように、ペンギンの繁殖もまた、遺伝子を次世代に伝えるだけのものではない。遺伝子は細胞のなかにあり、その細胞は個体発生を通じてゆっくりと身体を作り、最終的に成体となる。しかし鳥類の世界で、受精卵が成体となるには、卵を産み、孵化させ、ひなに餌を与えて育て、巣立たせるという世話が必要だ（第1章を参照）。それに加えて、マンリーのペンギンからは、こうした営みは何もないところでは生じないし、どんな場所でも生じるわけではないことがわかる。生物は遺伝子を受け継ぐと同時に、さまざまな意味をもつ環境も、さまざまなスケールで受け継いでいる。この文脈で考えると、海岸線は、メレディス・ウェストとアンドルー・キングが「個体発生的ニッチ（ontogenetic niche）」と呼んだもの（West and King 1987）、つまり細胞や身体や卵殻、海岸線のような生殖を可能にする外部環境などの、より広い生物物理的環境に含まれることになる。これについてスーザン・オヤマは、繁殖を遺伝学の視点から還元的に説明する傾向がある人々を念頭に、「遺伝子が『その内部に含まれる』ような生態的地位《ニッチ》は、世代を結ぶのに不可欠な橋渡し役である」と述べている(12)（Oyama 2000:62）。

物語られる営巣地は、コガタペンギンの個体発生的ニッチの中心をなすものだ。営巣地という遺産こそが、コロニーと種の生活の継続を可能にする重要な要素なのである。繰り返すが、ペンギンとその場所は簡単に切り離すことはできない。その絡まり合いの性質を考えれば、営巣地を破壊し、そこからペンギンを排除することは、数羽の個体や一つの世代だけでなく、世代の継続の可能性をも否応なく失わせることにつながるだろう。一つの系統全体が途絶えてしまうのだ。営巣地の破壊とペンギンの排除は、種の絶滅をあおる行為であり、また、自らの命を未来へとつなぎ、成功した生の様式と生命を次世代に贈与するという個体群の能力を台なしにする行為でもある。

マンリーのペンギンは、まさにその種の脅威にさらされつづけてきた。「人間以上の存在」がつなげてきた豊かな贈与の歴史は、個体や集団や各世代がある場所に愛着をもち、それを継承してきたことに注意を払わず、そうした場所を生み出すことの重要性や継続性を認識することもない「場所の収奪」によって踏みにじられ、あるいはなかったことにされている。その重要性を十分に理解するのは難しいかもしれない。だが、世代継続の可能性を守っているのは、突き詰めて考えれば、都市部の海岸にあるこのわずかな面積の土地なのである。

ペンギンの物語を真剣に受け取ることによって、私たちの世界は、鳥と場所が結ぶ、非常に特殊で重要な関係に目を向けられるようになる。そして、沿岸地帯（および他の多くの場所）の喪失を理解するための新しい可能性が開かれるのだ。このアプローチは、哲学的な思索の対象とする生き物を真摯に理解すべしという、ダナ・ハラウェイの呼びかけに真正面から答えるものだ。ハラウェイは次のように述べている。「関心をもつとは、好奇心という落ち着かない義務に従うことであり、そのためには、一日が始まったときよりも終わったときに、より多くを知っていることが求められる」（Haraway 2008:36）。よく知ることは大切だ。それは、より多くを知ることが従来とは異なる見方を可能にし、私たちを新しい種類の関係や倫理的義務に引き込むからだ。このように考えれば、ペンギンとそのフィロパトリーのあり方を知ることは、沿岸地域における私たち人間の破壊的行為がもつ倫理的な重みの認識へとつながるに違いない。ペンギンとそれが営巣する物語られる場所との絡まり合った運命を認識すれば、その場所を破壊し奪うことが、「絶滅のための作業」以外の何ものでもないことが明白になる。絶滅は、今日明日に起こるものではないかもしれないが、そう遠くない未来にやってくるだろう。そうだとすれば、ペンギンの営巣地の重要性と、まるでいくらでも代わりはあるかのようにその営巣地を破壊する行為の無計画さと深刻さについては、いくら言葉を尽くしても、言い過ぎということはないはずだ。

ペンギン以外の鳥や動物もまた、世界のいたるところで、このような失われた場所、過去の世代から受け継いできた場所へと帰還しようとしている。祖先から贈られたこれらの場所は、埋め立てられ建造物が立ち並ぶ干潟、人々があふれ街灯が降り注ぐ浜辺など、今ではすっかり変わってしまったか、あるいはもう存在すらしていない（Oldland et al. 2009）。そうした場所には、ウミガメの産卵に悪影響を与えているフロリダの海岸のように、水辺の住宅を守るために、防波堤、護岸などの「沿岸装甲化」を施された場所もある（なお、アメリカ本土のウミガメの営巣地の約九五パーセントはフロリダ州に集中している（Mosier and Witherington 2001））。また、農業用地、工業用地の需要が生息環境の喪失につながっているケースもある。黄海の干潟はその悲劇的な例と言えよう（MacKinnon, Verkuil, and Murray 2012）。黄海沿岸の干潟は、少なく見積もっても毎年二〇〇万羽の鳥が利用する重要な渡りの拠点であり、ときに片道六〇〇〇マイル（一万キロメートル）以上にもおよぶ長い渡りの中継地点として、食料と休息の場を提供してきた。しかし今では、鳥たちがようやくたどり着いても、休むべき場所がなくなっているケースが少なくない。過去三〇年の間に、中国と韓国の潮間帯〔潮の干満がある場所〕のほぼ五〇パーセントが「再利用」されたか、そうでなければ、失われてしまったのである（Oldland et al. 2009:2-5）。陸地側で人間の活動領域が広がっていること、そして海側では海水面の上昇によって潮間帯が侵食されることで、多くの沿岸地帯では「沿岸の圧迫」が強まる傾向が見られる（Oldland et al. 2009:5）。

ここでマンリーに話を戻そう。本章で見てきたようにマンリーではコガタペンギンがさまざまな困難に直面しているが、そこにはまだ希望が入り込む余地が残されている。マンリーのコロニーは、オーストラリア本土の大半のコロニーと同じ道を歩むにはいたっていないのだ。私たちは、都市環境がペンギンに多くの障害をもたらしていることを正しく理解する一方で、いくつかの利点を提供していることも認識すべきだろう。人間に近い区画で暮らせば、たしかに家やプール、イヌ、街灯、ジェットスキーなどの悪影響にさらされる。しかし同時に、そこには熱心な保護団体も存在している。その代表格が「ペンギン・ウォーデン」で、このボランティアグループは、フェリー埠頭の下に営巣するコガタペンギンたちの安全のために、夜な夜な確認作業を続けている。また、国立公園野生生物保護局がペンギン保護に全力を傾けるよう、積極的に働きかけている地域住民もいる。そうした働きかけが、（潜在的な）捕食者であるキツネの数を減らすために罠をしかけるキャンペーンに結びついたこともあるし、また、イヌやキツネが数羽のペンギンを殺してしまったために、赤外線カメラを設置したり、ハンターを雇ったこともある（van Dooren 2011a）。このように都市環境は、（キツネはさておき）ペンギンに障害ばかりでなく利点をもたらしているのだ。オーストラリア本土に残るコガタペンギンの三つのコロニーのうちの二つが、シドニー（マンリー）とメルボルン（セント・キルダ）という大都市にあるのも、おそらく偶然ではないだろう。この事実は、都市環境での人間とペンギンの持続的な関係に若干の希望を与えるものだ。とはいえ、コガタペンギンのコロニーの多くはすでに失われ、残された場所も喪失の危険に脅かされている。要するに、私たちがなすべきことは、まだたくさん残っている。

長い歴史をもつ地球において、今日、絶滅へといたる道は無数にあり、何世代もの生命の可能性に終止符を打つ方法も数え切れないほどある。多くの生き物、多くの個体群や種にとって、大切な場所を失うことは、終焉が容赦なく近づいてくることを意味する。このような状況にあって、私たちができるせめてものことは、人間以外の他者による、物語を語り、場所を生み出すという行為に対して、新しい感受性を身につけることだろう。それによって、どんな種や世代に対しても、生命をより先まで持続させる道を見つけられるようになるかもしれない。

第４章　ツルを育てる
——飼育下生活の暴力的－ケア

ほぼ成鳥の羽に生え変わった若いアメリカシロヅル
（Ryan Hagerty/U.S. Fish and Wildlife Service）

二〇〇一年一二月、アメリカシロヅル（*Grus americana*）がウィスコンシンからフロリダに向けて、簡素なグライダーに先導されて渡りを行った。アメリカ北東部で行われたアメリカシロヅルの渡りとしては、ここ一〇〇年で初めてのものだった。

――デイヴィッド・H・エリスら「モーター付きの渡り」

柵に近づくと、細長い脚で水辺を歩き回る幼鳥たちの姿が見えた。背は私たちの腰の高さほど、幼鳥らしく薄茶色の羽毛に覆われている。その姿は、運が良ければいつの日かなれるはずの成鳥とは、似ても似つかない。成長したアメリカシロヅル（*Grus americana*）の身体はもっと大きく、羽毛も大部分が白く生え換わるのだ。私が身に着けているフード付きの白いコスチュームは、その成鳥をイメージしたもので、私の全身をすっぽりと包み、人間の形状を覆い隠していた。この奇妙な交流の場を案内してくれるジョー・ダフも同じ格好をしていたが、片手には、アメリカシロヅルの頭部と長い首を模した、本物そっくりの腕人形《パペット》が握られていた。このパペットは、餌を突《つつ》いたり、さがしたりする方法を幼鳥に教えるのに使われる。

ジョーは、これらのアメリカシロヅルの世話を委託された団体、「オペレーション・マイグレーション」のチーフパイロットだ。幼鳥たちは、もともとメリーランド州パタクセント野生動物研究センター（アメリカ地質調査所運営）で孵化したものだが、生後一～二か月で飛行機に乗せられて、ウィスコンシン州ホワイト・リバー・マーシュ野生動物保護区にあるこの団体に連れてこられた。これから数か月は、ここが幼鳥たちの家になる。その間に、ジョーをはじめとするオペレーション・マイグレーションのスタッフたちが、冬に行われる南方への長距離移動に向けて、鳥たちが無事空を飛び、グライダーのあとを追えるように訓練を続けるのである。

ジョーと私が柵のなかに慎重に足を踏み入れると、六羽の幼鳥が私たちを出迎えてくれた。背後の扉を閉めようとするジョーの横を通り過ぎながら、私は「ゆっくり歩き、後退りをしないように」という彼のアドバイスを思い出していた。フードによって視界が制限されるため、幼鳥を踏みつけて、取り返しのつかないけがをさせてしまう可能性があるというのだ。すでに鳥たちは周囲に集まり、私たちの動きを注意深く観察している。ジョーがパペットを手にはめると、一部の幼鳥が関心を示したが、それを無視して広くて浅い人工池へと移動する鳥もいた。身を隠すコスチュームの着用もそうだが、ここでは鳥たちに聞こえるところで声を出してはいけないことにもなっていた。私はゆっくりと静かに、ジョーのあとをついていった。

幼鳥たちもまた、ほとんどの時間、ジョーのあとをついてまわった。そうしながら、周囲の環境を探索したり、ときにはジョーその人をじっくり観察して、不思議なコスチュームを突いたりして過ごした。鳥たちの関心が私よりもジョーに注がれているのは明らかだった。ジョーの方が幼鳥に積極的に関わろうとしていたからだろうか。頻繁に訪ねてくる彼のことを（外見や動きで）認識していたからだろうか。あるいは、ツルを模したパペットを持っていない私の姿が、生後一週間のうちに時折姿を見せた人間とも違えば、自分たちの仲間にも見えなかったせいかもしれない。

のぞき穴から見える飼育場の若いアメリカシロヅル。
ウィスコンシン州ホワイト・リバー・マーシュ野生動物保護区にて（著者撮影）

夏の太陽の下でこんな格好をしていると、暑さのあまりわずか数分で息が苦しくなってくる。しかし、ジョーやパタクセント研究センターのスタッフたちは、日差しを遮るものがない場所で、毎日長時間、このいでたちで鳥たちを歩かせたり、泳がせたりしている。それも鳥たちを健康に成長させるためだが、誰もが喜んでやれる仕事ではないだろう。限られた視界、静寂、暑さのせいで、自分の考えが現実から遊離していくのがわかる。私は敷地を歩きながら、こちらをじっと見つめたり、ときに後ろをついてきたりするこの小さな動物の存在を強く意識していた。幼鳥たちは、こんな格好をした私のことをどう認識しているのだろうか？　同族の仲間、あるいは親鳥と思っているのか？　この鳥たちは、どうやってこの場所にたどり着き、個々の成長と種の繁栄の両方を目指して日々行われる、このような複雑かつ親密な扱いと絡まり合うようになったのか？　こうした一風変わった飼育空間におけるツルの生活、人間とツルの関係には、どのような可能性があるのか？

本章は、北アメリカで絶滅にもっとも近い種と一緒に過ごしたある一日に、私の心に浮かんできたことを中心に、さまざまな疑問に答えてみようという試みである。二〇一二年六月、私がアメリカシロヅルに会うためにホワイト・リバー・マーシュを訪れたとき、幼鳥たちはすでに「渡り《マイグレーション》」のための集中訓練を受けているところだった。その二、三か月後には、ジョーたちスタッフの先導で鳥たちはウィスコンシン州を出発し、フロリダ州まで南へ一二五〇マイル（二〇〇〇キロメートル）の旅に出る予定になっていた。アメリカ東部の空や風景からアメリカシロヅルが姿を消して、すでに一〇〇年以上が経過していた。しかし、その鳥は献身的な人間によって再びその地に持ち込まれ、過去に使われていた渡りのルートを教えられることになった（USFWS 2007:14）。

もちろん、アメリカシロヅルの物語は今になって始まったわけではない。かつては北アメリカ全土に生息していたアメリカシロヅルだが、二〇世紀初頭を迎える頃には二〇羽に満たない規模にまで減少していた。そうなった理由はいくつもあるが、特に影響が大きかったのは、狩猟と湿地帯の消失である。その結果、小さな個体群を一つだけ残し、他はすべて姿を消してしまったのだ。アメリカシロヅルは、夏の繁殖期はカナダ（アルバータ州とノースウェスト準州の境界にまたがる地域）で過ごし、冬にはテキサス州のガルフ・コーストへと移動する。一九六七年には、連邦法の下、絶滅危惧種に指定された。一九七三年に絶滅危惧種法が制定される以前の話だ（USFWS 2007:xi）。初期の保全活動は、夏期と冬期の生息地――アルバータ州のウッド・バッファロー国立公園とテキサス州のアランサス国立野生動物保護区――を守ると同時に、この二つの生息地を行き来する鳥を撃たないようにハンターを指導することが中心だった（後者の取り組みについては現在にいたるまで奮闘が続けられている）。その結果、徐々にではあるが、それなりの成果があがってきた。二〇一一年春の時点では、ウッド・バッファローとアランサスでは二八五羽のアメリカシロヅルが確認されている（USFWS 2011:6068）。

しかし、環境保全活動家たちには、長いあいだ一つの懸念があった。現状では、アメリカシロヅルにはただ一つの個体群しかなく、感染症や局地的な災害が起きた場合、簡単に絶滅してしまう可能性があったのである（もっとも現実的なのは、冬の生息地であるテキサスの海岸線で有毒物質の流出事故が起こることだ。そこでは石油化学製品を運ぶ輸送船が頻繁に往来している（USFWS 2011:6068））。そのためアメリカ、カナダ両政府は、一九六〇年代以降、多くの地元の協賛者と共に飼育下繁殖プログラムを実施してきた。目的は、貴重な遺伝的多様性を飼育下で維持すること、そして、将来の放鳥に向けて個体数を増やし、飼育下ではない、自立した個体群を新しく生み出すことである。

このあと詳しく見ていくが、ここ一〇年のあいだ毎年行われてきた、ツルに超軽量グライダーを追いかけさせる訓練もまた、先に述べた長年の保全活動の歴史の一部と言えよう。こうした訓練が必要なのは、飼育下で成長したツルは、親鳥から「渡り」について教わることがなく、それをいつ、どのように行うべきかを知らないからだ。保全活動団体は、この問題を解決するために超軽量グライダーを使った入念な訓練プログラムを開発し、その結果、「東方渡り個体群（Eastern Migratory Population ＝E

MP)」が誕生することになった。この個体群は、もともとオペレーション・マイグレーションによって越冬のために南のフロリダに連れてこられた個体で構成され、訓練後は何度も渡りに成功している。通常は、夏になるとウィスコンシンに移動し、翌冬になると再び南へと戻ってくる。往復どちらの渡りも、今では先導やサポートなしで行われている[1](Duff pers. comm.; Ellis et al. 2001, 2003)。鳥に渡りを学習させる手法は、一九九〇年代にパイロットのビル・リッシュマンとジョー・ダフが開発を牽引したものだ[2]。当初の対象は、カナダガン(*Branta canadensis*)とカナダヅル(*Grus canadensis*)だった。この学習法はその後、パタクセント研究センターと国際ツル財団(ICF)の支援を受けてさらに発展し、二〇〇一年に満を持して、絶滅危惧種であるアメリカシロヅルに適用されるようになった[3]。

ここまで見てきたようなアメリカシロヅルの保全をめぐる大きな物語——ごく少数の個体から始まって、(EMPのような)新しい個体群を生み出すための多大な努力を通じて、徐々に健全な個体群が育っていく物語——が、いくつもの点で、集中的、献身的なケアの物語であることは疑いない。そうしたケアがあったからこそ、他の方法では生き残れなかったはずの四〇年という歳月にわたり、暫定的ではあるにせよ、アメリカシロヅルをこの世界につなぎとめておくことができたのだ。「環境保全」という要請に導かれたプログラムでは、アメリカシロヅルという種に対するケアが中心に据えられている。しかし一方で、本章で見るような飼育下繁殖プログラムでは、飼育下個体群を構成する血の通った一羽一羽の個体のケアを通じて、保全という目的が達成されることになる。種のケアと個体のケアはこうして一つに結びつく。のちに見るように、種の繁栄と個体の繁栄は、さまざまな文脈において、互いを補強するように撚《よ》り合わさっている。

ところが、種の保全活動には、個体の利益を「犠牲」にすることが求められるという一面もある。これはアメリカシロヅルだけでなく、他の多くの種にも言えることだ。飼育下の鳥たちは、種の存続のために慣れない環境や、制限された土地に生きることを要求され、人工授精をはじめとした継続的なストレスにもさらされている。実際、飼育環境で成長するという事実だけでも、アメリカシロヅルには発達上のさまざまな問題が生じ、(たとえば「異種間刷り込み」が原因で)他の個体との社会面、繁殖面での関係を形成する能力が衰えることもある。しかも、この保全プロジェクトに関わっているのは、アメリカシロヅルばかりではない。何らかのかたちで関与している種は思いのほか多いのだ。それら「犠牲」となる個体群は、暗がりのなかで自らの生を生き、そして死んでいく。その存在に光が当たることはほとんどないが、それでも、そうした「犠牲」があるからこそ、種の存続という私たちの夢と希望が実現可能なものとなる。

つまり、アメリカシロヅルの個体数回復活動は、献身的なケアと希望の物語であると同時に、暴力と抑制の物語でもあるわけだ。この二つの物語は互いを排除しない。それどころか、現代という絶滅の時代においては、ケアと希望には、避けられない継続的な暴力の営みが染みわたり、そこに暴力が根ざしているとさえ言えるように思う。「絶滅のなだらかな縁」において、ケアや希望がこのように生み出されるのは決して珍しいことではない。良いものであれ悪いものであれ、一言では言い表せない複雑な結果をさまざまにもたらしながらも、多くの種の絶滅が引き延ばされ、「なだらか」になってきたのは、こうした保全活動の実践を通じてのことだった。

本章で考察するのは、このような保全活動の場で私たちとアメリカシロヅルとの交流を活性化し、先導する、多面的で絡まり合ったケアの体制である。マリア・プイグ・デ・ラ・ベラカサは次のように述べている。「ケアすること、あるいはケアされることは、必ずしも満足や慰めを与えてくれるわけではない」(Puig de la Bellacasa 2012)。ケアとは、抽象的に他者の幸福を祈ることで実現されるものではなく、緊張と妥協をはらんだ、一筋縄ではいかない実践として現れるケースが多い。また同時に、それは「きわめて重要な感情状態、道徳的義務、実践的労働」でもある。この文脈において、ケアは、「相互に依存している存在」の日常的で「避けがたい困難」に根ざしており、「滑らかに調和した世界」を保証するものではない(Puig de la Bellacasa 2012:197-99)。

さまざまなケアの実践が、あるときは協調しながら、またあるときは対立しながら、一つの場に集まる。そこでは、一部の鳥類、一部の種に対する心のこもったケアが、それ以外の種の支配、抑圧、放棄と隣合わせにあり、私が「暴力的 - ケアの体制(regime of violent care)」と呼んでいるものを生み出している。本章では、飼育下繁殖の試みの根底をなすプロセスと実践を掘り下げながら、このようなかたちで種が世界に留め置かれるのは、具体的、実質的に見てどのようなことなのか、それは誰に対してどのような結果をもたらすのか、という点を考察する(Haraway 1997)。本書でここまで述べてきたことの大部分は、絶滅の危機にある鳥類へのケアを促すものであった(と私は願っている)。本章では、そうしたケアが取り得るかたちをさぐっていこう。「絶滅の縁」にある種をケアするとは、はたしてどのような意味をもつのか? ケアという闘争的な場における多種間の関係にとって、倫理的な利害関係とは何なのか? また、そこにはどのような問題と可能性があるのか?

野生を離れて——飼育下繁殖プログラムの誕生

アメリカシロヅルの保全活動の中心をなす、大がかりで長期にわたる飼育下繁殖プログラムは、一九六〇年代に開始された。このプログラムは、アランサスとウッド・バッファローの個体群から「余分な」卵を頂戴するという、ごく単純なアイデアを出発点にしている。アメリカシロヅルはたいてい卵を二個産むが、成鳥になれるのは通常そのうちの一方だけだ。そこで保全活動家は考えた。もし——まずありえないにしても——この二つ目の卵を拝借して無事に孵化させて、巣立ちまでもっていければ、個体数を大幅に底上げできるのではないか（Ellis and Gee 2001）。

こうした考えに基づいた活動が一九六七年から一九九六年まで約三〇年間続き、その間に、アメリカとカナダにある五つの飼育下繁殖施設のネットワークが生まれた（USFWS 2011）。ネットワークには、メリーランド州のパタクセント野生動物研究センターとウィスコンシン州の国際ツル財団（ＩＣＦ）も含まれている。この二つは、現在世界で飼育されているアメリカシロヅルの大部分が暮らす施設だ。繁殖施設には、先述したとおり目的が二つある。一つは、施設間で卵（ときに孵化後の鳥）を定期的に交換することによって、この種に残る遺伝的多様性を可能なかぎり反映した飼育下個体群を維持すること。もう一つは、ひなを育てて放鳥し、将来、自立した個体群を作り維持することだ。

こうした飼育下繁殖プログラムの話を聞いて多くの人が思い浮かべるのは、無数の鳥小屋が並んでいて、そのなかでつがいの鳥が卵を産み、ひなを育てている、というイメージではないだろうか。いわゆる「親鳥飼育」と呼ばれるアプローチだ。わざわざ名前がつけられているのは、これが数ある飼育方法の一つにすぎないことの証左である。実際、アメリカシロヅルに対しては、このアプローチはまれにしか採用されていない。保全活動家の視点から見れば、「親鳥飼育」の大きな欠点は、十分な数のひなが得られないことだ。たとえ条件が最適で、子育てが邪魔されなかったとしても、アメリカシロヅルの親鳥は、一シーズンに二羽のひなしか育てることができない。しかし、産んだ卵をすぐに取り去ってしまえば、親鳥にさらなる産卵を促すことが可能になる。それについて、ジョン・フレンチは次のようにまとめている(4)(French pers. comm.)。

この鳥は飼育下ではなかなか増えていかないので、我々としては、繁殖可能なメスの産卵数を最大にしたいわけです。アメリカシロヅルは卵を二個セットで産みます。そして私たちは、その卵のセットをダミーとすり替えるなどしてコントロールすることで、より多くの卵を手に入れることができます。一つのつがいにつき、たいてい二個以上は手に入るでしょうか。一匹のメスから三〜五個の卵が取れることもありますし、最大で七〜八個になったときもありました。多くの卵を手に入れるには、産卵後に卵を取り去ることです。それが一個目の卵であれば、取り除いたあとにダミーを置きます。そこにダミーがあると産卵しようという状態を維持できるからです。次に二個目を産んだら、また取り除きます。そうすると二個セットの一方が欠けることになるので、メスがまた新しい卵を産もうという気になるわけです。そうやって産んだ卵は少しばかり軽く、小さくなり、産卵数が増えるにつれて孵化率も低くなります。ですが、それでもこの方法はかなりうまくいきます。

もちろん、取り去った卵は誰かが温め、孵化させ、育てなければならない。この作業は、長年にわたり、他種の鳥、機械、人間に任されることが多かった。たとえば、卵を温めるのはカナダヅルやニワトリや機械で、孵化にはカナダヅルや孵化器が使われてきた。そのあとにひなを育てるのはカナダヅルや人間といった代行者で、人間の場合であれば、本章冒頭で紹介したようなコスチュームを身に着けることもある（Olsen, Taylor, and Gee 1997）。たいていの場合、飼育されているアメリカシロヅルの親鳥は、子育てにまったく関与しない。親鳥の多くは、子育ての経験がない（あるいは浅い）と考えられており、抱卵がうまくできなかったり、ときには自分で卵を割ってしまうことさえあるからだ[5]。

個体数増加に向けたこのアプローチは、飼育下個体群がまだしっかりと確立していなかったプロジェクト初期において、特に重要だった。しかし現在、アランサスとウッド・バッファローでの卵の採取は中止されているため、新しい群れを作るための個体は、自分の施設で生まれたものに限られている。ブライアント・ターはインタビューに答えて、もし親鳥飼育を採用するのなら、ＩＣＦでは毎年三〜四羽、パタクセントでは六〜八羽のひなを育てることができるだろう、と述べている。しかし実際には、親鳥ではなく人間などの手を幅広く借りることで、両施設では毎年数十羽のひなが育っている。

一方で、生まれてまもないアメリカシロヅルに親鳥以外の存在を関与させることには、多くの潜在的な問題もつきまとう。将来の放鳥を控えた鳥たちにとって、もっとも重大な問題は、人間（あるいは自分以外の種）との密接な接触によって、若いアメリカシロヅルがそうした存在に慣れてしまう、あるいは「刷り込む」危険があることだろう。このような関係は、それを刷り込んだ鳥にとっても、絶滅の危機に瀕している種の存続にとっても、根深い問題となる可能性をはらんでいる。

繁殖と渡り――刷り込みの問題と可能性

「刷り込み」の研究は、オーストリアの著名な動物学者コンラート・ローレンツ（1903–1989）の人生と仕事と分かちがたく結びついている。ローレンツは、さまざまな鳥を使った実験――特に有名なのが、ハイイロガン（*Anser anser*）とニシコクマルガラス（*Corvus monedula*）の実験――によって、刷り込みという現象を定義し、その知名度を上げることに大きく貢献した（Lorenz 1937, (1949)2002; Hess 1958）。実験からわかったのは、多くの鳥種は、親や他種を本能的に認識するのではなく、生まれたばかりの時期に「条件づけられる」ことで、その区別をしていることだった（Lorenz 1937:262-63）。ローレンツは、最初に目撃した動く物体にひなが強い愛着を抱くこと、愛着の形成は孵化後数日内のごく短い期間に起こることを突き止めた。動く物体とは通常は親鳥であり、この刷り込みによって、親鳥は子供を自分の近くにとどまらせることができる。これはとりわけ、ひなが孵化後の早い時期から動きまわり、迷子になりやすい「離巣性（早熟性）」の鳥にとって重要な能力だ（Hess 1964:1132）。

ローレンツは、ガチョウにアヒルを育てさせたり、シチメンチョウにガチョウを育てさせるなど、卵や孵化したばかりのひなを、さまざまな「親鳥」と組み合わせる実験も行った（Lorenz 1937:264）。ある実験では、小型のインコを隔離して育て、ケージに吊るしたボールを刷り込むかどうかを観察した（驚くべきことに刷り込みは生じていた）（Lorenz 1937:270）。また、ローレンツ自身が刷り込まれる対象になったことも何度かあった。野原を歩くローレンツのあとをハイイロガンのひなたちが一列になってついていく「ガンの母親」の写真は、今では刷り込みのアイコン的存在になっている[6]。

ローレンツは、刷り込みが、誰に（何に）ついていくかを決めるだけの単純な現象ではなく、もっと重要な意味をもっていることにすぐに気がついた（Lorenz 1937:263）。種によって、あるいは同種内の個体によっても異なるが、アメリカシロヅルを含む多くの鳥類にとって、刷り込みは、自分たちの幅広い社会集団を理解するうえで基礎的な役割を果たしている。刷り込みという発達過程を経た結果、他種――鳥でも人間でも――の「親」に育てられた鳥は、その「親」に外見や声が似ている種や個体と優先的に関係を結ぶ傾向をもつようになるのだ。この傾向は生涯にわたって続く。したがって、繁殖相手を選ぶ際も、他種を親として刷り込んだ鳥は、自身の種にとらわれない関係を志向することになる。先述した小型のインコの話は、いくぶん困惑させられるものの、その好例だと言えよう――インコはケージに吊るされたボールに対して求愛行動をとったのである。「そのインコは［他のオスがメスに求愛する場合と］まったく同じ動きを見せた。だが、ボールをメスの頭部だと思って行動しているので、突き出した爪も、ケージの天井からぶらさがるセルロイドのボールの下の虚空をつかむことしかできなかった」（Lorenz 1937:270）。

現在では、ツルなどの一部の鳥類の刷り込みには、関連はあるが時期の異なる二種類があることが鳥類研究から示唆されている。一つは、ローレンツが示したような孵化後数日のうちに生じるもので、「親子間の刷り込み」と呼ばれることが多い。もう一つは、その少しあと――アメリカシロヅルであれば飛べるようになる直前の孵化後一〇～一四週の時期――に生じると多くの研究者が考えているもので、「性的な刷り込み」と呼ばれることが多い（Swengel et al. 1996:119）。後者の刷り込みが起きた時点で、あるいは二つの刷り込みを組み合わせることで、ツルの若鳥は、自分が関係を結んでいる存在（親鳥や、大きな群れにいればその仲間たち）の種類に基づいて、ふさわしい繁殖相手は誰かを理解するようになる（Horwich, Wood, and Anderson 1988; Swengel et al. 1996:119）。ただし、このような生後まもなくの経験が、のちの繁殖相手の選択にどこまで影響するかは、種によって（近縁種であっても）大きなばらつきがあるようだ（Slagsvold et al. 2002）。これから見ていくように、アメリカシロヅルにとって、そしておそらく他の鳥種の大半にとっても、こうした刷り込みは、パートナー選びにおいて中心的な役割を果たしている（Immelmann 1972; ten Cate and Vos 1999:6）。

一九八二年には、「アメリカシロヅル・プロジェクト」の活動のおかげで、多くのアメリカ人とカナダ人が、鳥類の奇妙なカップリングの可能性を初めて目撃することになった。発端は、高名なツルの研究者であり、国際ツル財団（ＩＣＦ）の創設者でもあるジョージ・アーチボルトが、「ザ・トゥナイト・ショー」というテレビのトーク番組に出演し、テックスという名のアメリカシロヅルとの交流について語ったことだった（Burvill 2004; Hughes 2008:143）。テックスは、サンアントニオ動物園にいたアメリカシロヅルのつがいから生まれたメスで、そのつがいの子孫としては唯一の生き残りだった。そのため彼女の遺伝子は、種の存続という観点から見て、きわめて価値が高いと考えられていた。しかし、何年繁殖を試みても、一度たりともそれが成功することはなかった。そこで一九七六年、テックスが一〇歳のときに、ＩＣＦに預けることにしたが、そこでもまた、他のツルに興味を示すことはほとんどなかった。

テックスは、孵化後の数週間をサンアントニオ動物園の園長の家で過ごしていたので、どうやら人間を親とみなしているようだった。ICFに来てからは、アーチボルトに愛着を示すようになった。人工授精は可能だった。それでも、「求愛行動によってホルモンを活性化させないと、受精卵を産むことはできなかった。アーチボルトが彼女のハートを射止める必要があった」（Hughes 2008:142）。こうした事情により、アーチボルトは、テックスの室内ケージのなかにオフィスを構え、毎日彼女と一緒に過ごすことに決めた。アーチボルトはテックスと共に歩き、ダンスをし、歌った――精一杯、アメリカシロヅルになりきっていたのである。毎年、繁殖期が近づくと、広い野外に出て縄張りを確認し、一緒に巣も作った。アーチボルトは、日中は野外でテックスと過ごし、仕事は小さな納屋のなかで行った。この関係は七年にわたり続けられ、テックスはたくさんの卵を産んだが、無事に孵化したものは一つもなかった。アーチボルトが海外に出張しているときも、テックスは彼との一夫一婦（一雌一雄）の関係を維持し、他の何ものとも付き合おうとしなかった（一方のアーチボルトは、この時期に結婚をしていた）。しかし一九八二年、ついに孵化に成功し、誕生したオスのひなはジー・ウィズと名づけられた。前途多難なスタートだったが、ジー・ウィズは生き残って多くの子供を残し、その遺伝子をつないでいった。一方、テックスにはジー・ウィズ以外の子供は生まれなかった。ジー・ウィズが無事に孵化した三週間後、一匹のアライグマがケージに侵入して、彼女を殺してしまったからである（Butvill 2004）。

この悲しい物語は、刷り込みを通じて形成された強力な性的なつながりを説明する一例と言えるだろう。刷り込みは、人間などの他の種が子育ての役割を担い、鳥の繁殖生活と絡まり合うときに、特に問題となりうる。アメリカシロヅル・プロジェクトの初期には、多くのひながテックスと同じように育てられ、種にとらわれない社会的、性的な行動様式を発達させることになった。

グレイズ・レイク国立野生生物保護区で行われた、アメリカシロヅルの新しい個体群を作る最初の試みの一つが失敗した背景には、まさにこうした異種間の刷り込みがあったと考えられる。グレイズ・レイクの場合には、放鳥する個体を人間が飼育するのではなく、別の方法を採用して幼鳥の数を最大化しようとした。具体的には、一九七五年から、自立した生活を送っているオオカナダヅル（*Grus canadensis tabida*）にアメリカシロヅルの卵を温めさせることにしたのだ。卵は、アランサスとウッド・バッファローの個体群、およびパタクセントから採取した。このアプローチは「クロス・フォスタリング（交叉哺育）」と呼ばれるもので、抱卵以降の子育てはすべてオオカナダヅルの里親に任されていた。

予想していたとおり、アメリカシロヅルの卵が孵化すると、里親は餌のさがし方や渡りのやり方をせっせと教えはじめた。しかし、それと同時に、社会的なアイデンティティも刷り込まれ、それがゆくゆくは孤立と排斥の生活につながることになった。生物学者のジャニス・ヒューズは、この時期の出来事を次のように整理している。「親鳥のふるまいは、初冬まで典型的なものでありつづけたが、里子に出されたひなたちは、他のカナダヅルの成鳥から頻繁に嫌がらせを受けた。加えて、里子のひなたちがいる家族は、カナダヅル社会に真に受け入れられることは決してなく、冬に餌を食べている群れの周辺をうろついて、対立を避ける傾向にあった」（Hughes 2008:164）。境界に生きる存在――自分が孵化した集団の周縁に生きるもの――は、やがて里子のアメリカシロヅルの生活を特徴づけるようになる。こうした存在の多くは、一般的なアメリカシロヅルやカナダシロヅルよりもずっと早く家族のもとを離れるが、いったんそうなると「どこに行っても仲間外れにされたまま」（Hughes 2008:164）の状態になる。このような立場に追いやられた結果、仲間外れにされた鳥たちは、以前に比べて、飢えや捕食、ハンターに撃たれる危険が増加することになった。

最大の困難は、里子に出されたひなが性成熟を迎えたときにやってきた。その時期になっても、里子のアメリカシロヅルは、同種の仲間にほとんど関心がないように見えたのである。里子に出されたオスの個体の縄張りに、他所で飼育していた同種のメスの個体を放したときでさえ、そのオス鳥は、カナダヅルのオスには攻撃的になりがちだった一方で、アメリカシロヅルのメスには関心を示さなかった（きっとその存在に混乱していたのだろう）。あるいは、たとえ関心があったとしても、それを効果的に表現するためのアメリカシロヅルの鳴き声やダンスを知らなかった可能性もある（Hughes 2008:165）。それ以外にも、同様に孤立した生活を送っていたアメリカシロヅルのオスたちが巣を作り、「そのうち一羽は空っぽの巣を温めることにこだわった。また、それとは別の二羽のオスは、カナダヅルのつがいの子育てを手伝った――アメリカシロヅルが、縄張り意識が非常に強く、長いあいだ一雌一雄制を維持する種であることを考えれば、これが一般的な行動だとはとても言えない」（Hughes 2008:167）。要するに、クロス・フォスタリングで育てられたツルたちは、多くの異常な繁殖行動を示したのである。

このプログラムは、やがて失敗と判断され、一九八三年に中止された。中止までの約一〇年間に、プログラムの対象となったアメリカシロヅルの卵は、合計で二八九個にのぼる（Ellis and Gee 2001:17; Hughes 2008:167）。そのうち、成鳥になり渡りを行ったのは七七羽だったが、つがいになって繁殖に成功した個体は確認されていない。ただし例外として、アメリカシロヅルとカナダヅルがつがいになった事例が一件だけあり、そのつがいから生まれた雑種のひなは、研究者によってフープヒル〔Whooping Crane（アメリカシロヅル）とSandhill Crane（カナダヅル）を混ぜた名前〕と名づけられた（Hughes 2008:166）。

クロス・フォスタリングにおいて、刷り込みが問題を生み出す原因となっているのは間違いない。しかし、里親を利用しない飼育下の子育てでも、同様の問題が生じる場合がある――人間を対象にした刷り込みが起こるケースが少なくないからだ。先述したとおり、親鳥飼育、つまり同種の成鳥による子育ては、生まれてくるひなの数が少ないため、多くの場合、現実的な選択肢とみなされていない。したがって飼育下では、幼鳥に餌のさがし方を教えたり、健康な成長のための運動を促したりなど、鳥の日常に深く関与する人間の管理人が必要となっている。だがその際には、刷り込みの対象にならないかたちで幼鳥の前に現れなくてはならない。ひなに親だと刷り込まれないよう人間の姿形を覆い隠すだけではなく、アメリカシロヅルの成鳥の姿を模して、それに対して刷り込みが起こるようにするのである。

ホワイト・リバー・マーシュ野生動物保護区で私が身に着けたコスチュームも、この刷り込み対策の一環だが、重要ではあっても、それですべてというわけではない。パタクセントとＩＣＦで通常使用されているアプローチは、最初の二週間はカナダヅル、続いて機械に卵を温めてもらい、その後、

コスチュームに身を包んだスタッフが、地上のグライダーからアメリカシロヅルの幼鳥に餌を与えているところ。この餌付けは、渡りの先導をするグライダーにツルたちを慣れさせる訓練の一環として行われる（Paul K. Cascio/U.S. Geological Survey）

孵化器を利用して卵をかえし、人間がひなを育てるというものだ。そのアプローチでは、ひなが人間を親だと刷り込まないようにするために、コスチュームだけでなく、綿密なスクリーニングシステムと、成鳥をリアルに模した人工の「刷り込みモデル」――幼鳥の視覚と聴覚に訴えるもの――を組み合わせて使用している。日々実際に行われる飼育作業では、スタッフは全身を覆い隠すフード付きのコスチュームを着て、鳥と交流する際にはツルのパペットを用いる。作業は終始無言で行われるが、小型のオーディオ装置を携帯しており、心地よい親鳥の鳴き声を流すこともできる（Duff et al. 2001; Wellington et al. 1996）。

将来放鳥する予定の幼鳥たちが、この慎重を要する発達段階を通過して、もはや人間の管理人を刷り込む危険がなくなったあとでも、コスチュームの必要性は依然として変わらない。なぜなら、人間——とりわけ餌や世話を与えて自分を援助してくれる人間——に頻繁にさらされることは、それが習慣化してしまう危険をはらんでいるからだ。アメリカシロヅル・プロジェクトの初期には、コスチュームの使用手順、飼育下繁殖や放鳥の技術（多くはカナダヅルに関するもの）を改善するための各種実験が続けられた一方で、放鳥された鳥の多くが人間に過度に慣れてしまったとみなされていた。放鳥されたツルたちは、学校や郊外などに姿を現した。実験的に放たれた三羽のカナダヅルなどは、日中をアリゾナ州の刑務所で過ごすことさえあったという（Duff et al. 2001:115; Ellis et al. 2003:262）。こうした行動は、次の二つの懸念を呼び起こした。これほど大型の鳥であれば人間に危害を加えるのではないかという懸念と、危険に満ちた都市環境を避けられずにツル自身に危害が及ぶのではないかという懸念だ。そのため現在では、コスチュームを身に着けて飼育する手順が、全飼育期間にわたって、将来放鳥されるすべての鳥に適用されている(7)。

しかし刷り込みは、アメリカシロヅルの飼育下繁殖に多くの問題をもたらす一方で、この種の存続を後押しする「人間とツルの関係」を生み出す大きな可能性をも示している。具体的には、コスチュームを着た人間を親として受け入れ、どこに行くにもいそいそとついていく鳥の能力によって、超軽量グライダーを使った渡りの訓練が可能になっているのだ。自立した個体群の幼鳥たちが群れの仲間（通常は親鳥）に渡りの時期や目的地を教育されるように、将来の放鳥を目指す飼育下の幼鳥たちも、なんらかのかたちで渡りを教わる必要がある。それゆえ、コスチュームを用いた飼育は、毎年より多くのひなを孵化させられることに加え、新しい渡り集団を生み出すと期待できることから、親鳥飼育よりも好まれるようになった。

ツルにグライダーを追跡させるには、ごく幼い頃からよく慣らす必要がある。実は飼育施設では、卵が孵化器に入っているときから、グライダーのプロペラ音やエンジン音を聞かせて将来に備えている。グライダーを実際に見せるのは、孵化後およそ一週間のことだ。このお披露目の様子は一風変わっている――コスチュームを着た職員がエンジンのかかったグライダーのコックピットにすわり、そこからツルの頭部を模した長いパペットを使って、ひなたちに餌を与えるのである。つまり、普通なら恐ろしいと思うグライダーの外見と音を、「親」とおいしい餌がもたらす安心感に結びつけているわけだ。その後、ひながさらに少し大きくなると、地上で動きやすくするようにグライダーの翼が取り外される。ひなは、コスチュームを着たパイロットに誘導されてグライダーを追いかけ、はじめのうちは狭い囲いのなかだが、次第により広い野外へと訓練の場を広げていく。やがて同様の追跡訓練が空中でも行われるようになり、ひなとパイロットの関係はさらに強化される。そして数か月の準備期間が終わると、飛べるようになった鳥たちがグライダーの後ろに連なって、南に向けた最初の長い旅に出ることになる(8)(Duff et al. 2001)。

刷り込みの倫理――強制と飼育

飼育下で繁殖するツルにとって、刷り込みが実際的な問題と可能性をさまざまにもたらすものであるのは間違いないが、刷り込みを通じて可能になる特定の関係の倫理的側面については、これまでほとんど関心が払われてこなかった。倫理の文脈でまず注目すべきなのは、刷り込みが鳥の発達の初期段階——世界に対して、ひなが特有かつ決定的なかたちで開かれている時期——に生じることだろう。先に見たとおり、刷り込みは、社会や繁殖世界に対する鳥の理解に影響を深く与えうる。それに加え、刷り込みは、コンラート・ローレンツが過去に指摘しているように、奇妙な固定性を特徴としている（Lorenz 1937; Hess 1964）。言い換えれば、刷り込みを通じて対象（生物学的親、人間、ボールなど）への愛着がいったん形成されると、その鳥が認識している社会の構成を変えるのはきわめて難しいか、不可能な場合さえあるということだ（ten Cate and Vos 1999）。よって刷り込みは、ある重要な点において、人間と鳥の間に見られる他の相互作用とは異なっている。つまりこれは、立ち位置が異なる二つの主体——過去からの生物社会的な継承と個の経験を通じて生み出された生の様式をもち、世界におけるあり方をすでにしっかりと確立した主体たち（第3章を参照）——の間の関係を形成することではない。刷り込みとはむしろ、生物社会的な継承の様態に介入し、それをかきまわす。そして、存在論的な開放性を利用することで、それまでとは違う生の様式を生み出すのである。

　言うまでもなく、あらゆる主体は、他者との相互作用のなかで、あるいは相互作用を通じて形成される。ミシェル・フーコーが私たちに教えてくれたのは、主体化の力学は均衡状態に落ち着くことが決してなく、生物はその力学の場において、技術《テクノロジー》、制度、言説《ディスクール》との絡まり合いを通じて形成、再形成されるということだった（Foucault 1980, (1975) 1995）。ダナ・ハラウェイは、多種《マルチスピーシーズ》からなる世界を念頭に置いたうえで、「つながりのなかでの生成／なること」の網の目に生物が絡み取られるいくつかのパターンを示し、「関係が生じる前に存在が生じることはない」と述べている（Haraway 2003:16）。また、アナ・チンは、それが人間にも当てはまること、私たちが「人間らしさ」と考えているものは、進化のタイムスケールにおいても個人のタイムスケールにおいても、実は「異なる生物種間で結ばれる関係」にすぎないことを指摘している（Tsing 2012:141）。これらを踏まえたうえで、鳥の生活に人間が入り込むことを考えるときに私が前提としているのは、刷り込みによって、他者と共に「あること」や「なること」がどのように変化するのかを認識することであって、あらゆる主体は他種のなかで共に形づくられているという考えを否定することではない。

ヴァンシアンヌ・デプレは、ローレンツとニシコクマルガラスやハイイロガンの関係に関する魅力的で挑発的な議論のなかで、刷り込みという関係において生じる人間と鳥の「共になること（co-becoming）」を強調している。彼女が指摘するように、これは鳥が人間になる、あるいは人間が鳥になるというような単純なケースの話ではない。そうではなく、動物と人間を構築する「人間‐動物‐遺伝学の実践（anthropo-zoo-genetic practice）」の事例についての話だ（Despret 2004a:122）。彼女は次のように述べている。「ローレンツと彼のガンは、飼い慣らすという関係、双方のアイデンティティを変える関係において、互いを家畜化した」（Despret 2004a:130）。デプレが特に注目するのは、実験対象と暮らすというローレンツのアプローチが、新しいかたちの関係――身体化されたケアの関係――の構築をいかに可能にしたのか、ということである。この関係は、新しい種類の知識を生み出す可能性をもたらすものであり、そこですべての関係者（および研究課題そのもの）は当事者となり、つながりを再統合することになる。

私は、デプレの主張は示唆に富み、人間‐動物研究の可能性を再考するうえで非常に有用なものと考える。しかしその一方で、ローレンツの研究の中心である刷り込みの力学には、人間と動物の関係の倫理を複雑にする何かがあるようにも思っている。ごく簡単に言えば、刷り込みとは手なずけることではない。この二つは、まったく異なる発達過程を経るからだ。どちらも強制的に生じる可能性があり、実際しばしばそうなるが、そのかたちは同じではない。行為主体性と抵抗の場がまったく異なっているのだ。デプレの議論には、ローレンツに倣って、彼と幼鳥との関係は、あたかも鳥が主導して（あるいは少なくとも人間と共同で）形成されたものだと主張しているように見える箇所がいくつかある。たとえば、マリーナに関する記述がそうだ。マリーナとはローレンツが飼っていたガンで、彼は孵化したマリーナを数時間観察したあと、他の鳥に育てさせようとした。デプレは次のように書いている。「［この幼いガンは］自分が置いていかれるのを拒否し、ローレンツに向けて、必死で『見捨てられたものの声《アバンダンド・コール》』をあげた。……ローレンツは、自分についてこないよう説いたが、うまくいかなかった。そして彼は言う。『私はまるで自分が彼女を養子にしたかのようにふるまった。だが、実際には、彼女こそが私を養子に選んでいたのであり、私はそれに気づかないふりをしていた』。その日一日、そしてそれ以降の数か月にわたり、ローレンツはガンの良き母を演じた」（Despret 2004a:129）。このデプレの説明は、行為主体性に混乱が見られる。ローレンツにとって刷り込みが既知だったことを考慮すれば、彼がマリーナを孵化後数時間のあいだ引き取ったのは、養子をとる行為に相当する。したがって、その後マリーナが他の鳥と一緒にいるのを拒否したのは、まったく想定内の出来事だったと言える。そのため、この状況を、ローレンツが幼いガンの求めに応じて、あたかも彼女が彼を養子として選んだように示すことは有益ではない。ローレンツと刷り込まれた鳥の関係は、すべてこうした視点から見ていく必要があるだろう。ローレンツたちがもたらした科学的知識が価値あるもの——しかも今ではアメリカシロヅルの保全に貢献しているもの——であったにせよ、刷り込みというのは、そもそもが強制に基づく関係である。一方のパートナーが、他方のパートナーのデリケートな発達段階を操作して、生涯残りつづける愛着を作り出すというのは、囚われた生のかたちと言わざるをえない。

このような視点は、刷り込みとそれ以外の関係との間に見られる、もう一つの重要な違いを浮かび上がらせる——他の関係とは異なり、刷り込みは鳥が世界や自分自身に対してもつ感覚に甚大な影響を与えるのだ。刷り込みは、人間と鳥が互いの社会に足を踏み入れ、新たな結びつきやケアの可能性をもたらすような関係を生み出さない。たしかに人間との関係は生まれるだろう。しかしそれは、多くの場合、同種の仲間との関係の芽を摘み、社会面、繁殖面での関係を築く機会を根本から変えてしまうなど、その鳥の従来のあり方を犠牲にしたうえでのことだ。人間の不注意によって、鳥がこの異種間‐主体性の入り組んだ場に引き込まれるケースはあまりにも多い。飼育員や他種の鳥が親として刷り込まれたあと、孤独な世界——社会的、性的合図が同種と噛み合わない世界——に放棄(放鳥)されるのである。グレイズ・レイク保護区でカナダヅルに育てられた多くのアメリカシロヅルが、仲間から追放され、孤立した一生を送ることになったことが、どうしても思い出される(Hughes 2008:162-69)。

デプレが指摘するように、ローレンツが、実験を介した鳥との関係によって、鳥が何を必要としていて、何が安全であるのかに関する、新しい感受性と知識を得るよう迫られたのは明らかだ(Despret 2004a)。しかし、この点は過度に強調すべきではないだろう。こうした関係の多くは、意図的な刷り込みがもつ強制的かつ魅惑的な力がもたらした結果にすぎないからだ。行動の動機が完全にわかるわけではないが、幼いガンがローレンツのあとを何の疑いもなくついていったのは、ローレンツが「そのガンのケアをして、ガンのように歩き、ガンの呼びかけに応じ、ガンが怯えているときはそれを理解する」(Despret 2004a:130) ことを身につけたからではない。また、幼いニシコクマルガラスがローレンツになついたのも、彼が「その種に属しているかのように行動し、しかも非常にうまくやりおおせたので、カラスがその遊びに夢中になり、しばらくのちに、ローレンツを自分の同種とみなしはじめた」(Despret 2004a:129) からではない。そうではなく、その二種の鳥はローレンツや他の人間を刷り込んだのだ。他の事例に目を向ければ、ローレンツが実験を通じて明らかにしたように、刷り込みはボールを対象に生じることもあり、そう刷り込まれた鳥は、ボールのあとを追い、餌を与え、社会的な交流をはかろうと試みる (Lorenz 1937)。このように、刷り込みを通じて堅固な関係を結ぶことに、優れた感受性や鳥のようにふるまう技術はまったく必要がない。実際、エックハルト・ヘスらの実験からは、「親」がひなに意図的に苦痛を与えても関係は弱まらず、「反対に、さらに近寄っていく」ことがわかっている (Hess 1964:1129)。これは、根深いかたちでの囚われ、無思考、不自由を特徴とする関係であり、そこでは強い愛着が暴力的な扱いのさなかにも維持され、あるいはそうした扱いによってさらに強化されている。

　意図的に人間を鳥に刷り込むことの倫理に対する私の関心の根底にあるのは、鳥が自身の種の一員として健全に成長することを重要視し、その際には、社会面、行動面でのあらゆる可能性が排除されないようにする、という考えだ。[9] この立場をとるにあたり、私はなにも異種間の刷り込みが「間違った鳥」（Audubon Society Portland 2008）を生み出すといったような曲解をして、鳥そのものを批判しているわけではない。同様に、人間と鳥という異種の間で愛情や喜びが交わされる可能性を否定しているのでもない（これについては後述する）。むしろ私の異議申し立ては、ここまで見てきたような鳥の生活――しばしば脆弱で緊張をはらんだ生活――を生み出してしまう、広範な実践の枠組みに対して向けられている。

ローレンツが、親鳥や仲間の役割を熱心に引き受け、一時間ごとにひなに餌を与え、自身もカラスの求婚者から虫の餌をもらうなど、飼っていた鳥をさまざまな点でケアしていたことは疑いがない（Lorenz（1949）2002）。しかし一方で、それらのケアはどれも、強制、監禁、暴力の広い枠組みと切り分けることができない。デプレは、ローレンツの実験におけるアプローチがケアの関係に根ざしていて、新しい種類の知識を生み出すのを可能にしたと述べており（Despret 2004a）、その点には同意する。私が気にしているのはローレンツの手法で、それは学習には適していたとしても、ガンにとって良いものだったとは言い難い。ローレンツが自分の実験に倫理的な問題を感じていなかったことは、彼の手法で育てられた鳥がかなりの数にのぼること、鳥の社会的世界と繁殖的世界（ここには無生物も含まれる）を混ぜ合わせるという能天気にも思えるやり方を採用していたことから、私にはほぼ間違いないように思える。強制という広範な枠組みを念頭に置きながら、私は、ローレンツの実験における鳥たちを、ダグラス・A・スポルディングと同じ視点から眺めたいと思うようになった。スポルディングは、自身が行った最初期の刷り込みの実験において、ひなたちを熱心にケアされた鳥ではなく、「人間の好奇心の小さな犠牲者」として見つめたのである[10]（Sluckin 1964:2）。

こうして私のもとには、意図的に人間を刷り込まれた鳥と倫理的関係を結ぶことが可能であるならば、そのときは個体に対する継続的で献身的なケアに根ざした真の関与が必要だ、という見解が残されることになった。では、この倫理的関係の主な動機が個々の鳥とその幸福の追求ではない場合、相手と共に過ごし、世話をするための時間と労力を十分に確保できるのか、また、適切な感情的、倫理的な義務を果たせるのか、私はその点について非常に懐疑的である。個々の鳥への配慮が二の次になり、新しい科学知識の獲得や種の保全が常に優先されるとき、刷り込みを通じて生み出される脆弱な飼育下の生活は、きわめてたやすく軽んじられるようになるはずだ(11)。

このような異種間の刷り込みの倫理に関する議論は、アメリカシロヅルの保全という文脈においては、次の二つの点で重要である。第一に、アメリカシロヅル・プログラムではすでに採用されていないとはいえ、それでも、鳥に対して意図的に行われる人間の刷り込みは、多くの鳥の飼育下繁殖において中心的な要素になっていること。刷り込みを通じて生まれる関係の性質を可能なかぎり理解することは、こうした刷り込みを利用する(あるいは利用しない)ことの倫理を評価するうえで、きわめて重要である(これについては本章で後述する)。第二に、刷り込みの批判的な理解は、アメリカシロヅルの保全活動家による次世代のツルを育てようという努力を、よりしっかりと評価するのに役立つこと。コスチュームを用いた飼育が、いかに混乱をもたらし、不完全なものであっても、鳥の社会生活、繁殖生活に足を踏み入れた人たちにとって、その方法がより倫理的な生のかたちの模索につながっているのは明らかだ。コスチュームを利用した子育ては、人間の姿を(ある程度)覆い隠してくれるだけではなく、幼いツルたちの社会的、発達的世界に人間が注意深く参加することを可能にしているのである。

これは、本当の意味で人間がツルに「なる」ということでは決してない。私がパタクセント、ＩＣＦ、オペレーション・マイグレーションで会話を交わしたスタッフたちは、どの程度までツルのようにふるまう必要があるのかについては、それぞれ異なる意見をもっていた。だがその一方で、コスチュームを着た人間が不完全な仕事しかできないことは誰もが認めていた。私たちは完全にツルになりきることはできないし、人間の存在を一分の隙もなく覆い隠すこともできない。代わりにそこにあるのは、デプレの表現を借りれば、「人間‐動物‐遺伝学の関係」（Despret 2004a:122）であって、そこで人間とツルの両者は、互いの立場に応じて避けがたく変化していく。コスチュームを利用した子育ては、相手のようにふるまうという重荷を人間がさらに背負うかたちで、この関係の影響を広げていく試みであり、それを継続することで、ツルがより十全な生活を送れる可能性を高めていこうとするものだ。

すでに述べたとおり、相手と同じふるまいは、とても完璧にできるものではなく、現在も試行錯誤が続いている。パタクセントやＩＣＦなどの団体は、幼いアメリカシロヅルの刷り込みにとって何が鍵となるのかを理解するため、数十年にわたって調査を続けてきた。重要なのは、特定の色、形状、音なのか、あるいはその組み合わせなのか？　特に重要と見られているのは、成鳥のツルの頭部のような、長くて赤い物体である。また、心地の良い鳴き声、親鳥についていくという身体的行為、生きた（あるいはダミーの）「刷り込みモデル」も重要なことがわかっている（Swengel et al. 1996; Wellington et al. 1996）。スタッフたちは、こうした入念なプロセスを通じて、幼い鳥が、人間や超軽量グライダーそのものではなく、アメリカシロヅルにより近い存在を刷り込んでくれることを願ってやまない。鳥たちの多くが同種の仲間と一雌一雄制の関係を形成している事実は、非常に良い兆候と言えるだろう。また、こうした研究に加えて、細心の注意を払ってツルを育てるには、大勢のスタッフが日々忙しく動きまわる必要がある。たとえば、飼育下のツルは、足の先やかかとに該当する部分に問題を抱えるケースが珍しくないが、これは、湿地帯を大股で歩く親鳥のあとをついていく野生下の幼鳥に比べて、運動量が足りていないせいだと考えられている（Wellington et al. 1996）。そのためスタッフは、暑苦しいコスチュームを着て、毎日何時間も幼鳥たちの長い散歩や泳ぎに付き合っている。

こうしたことを考慮に入れると、コスチュームを利用した子育ては、トレイシー・ワーケンティンが「異なる生物種間の礼儀作法」と呼んでいるものの実践として理解できるかもしれない（Warkentin 2010）。ワーケンティンのアプローチは、私たちが他者の世界に完全に立ち入れないことを認めたうえで、それでも他者に対して、具体的な活動を伴った関心を継続的に払っていくことの必要性を強調するものだ。彼女によると、関心を払うことは私たちの理解のレベルを上げるが、私たちはその理解のレベルに達することで初めて、他者と共に、あるいは他者と密接に絡まり合って生きることができ、それによって、すべての関係者が実りある生活を送れる可能性がもたらされるのだという。コスチュームを用いたアメリカシロヅルの飼育は、研究とスタッフの尽力を通じて、人間を刷り込むのを回避しながら、人間を鳥の生活に深く関与させる試みだと言える。そうすることで、飼育下での暴力を排除し、これまで種が培ってきた生活の可能性が損なわれないよう取り組んでいるのである。(12)

しかしながら、たとえコスチュームを用いた飼育に今述べたようなメリットがあったとしても、この飼育法は倫理的な意図によって動機づけられたものではない。パタクセントとICFで行われているツルの個体への献身的なケアは、突き詰めれば、この保全プロジェクトを推し進める、より根本的なもう一つのケア、つまり種に対するケアを土台としている。保全活動の多くの面がそうであるように、コスチュームを用いた飼育もまた、マシュー・チルルーが「種の思考（species-thinking）」と呼ぶものに導かれている。種の思考では、「各個体は、尽きることのないタイプ〔抽象的対象〕のトークン〔具体的存在〕としてのみ知覚される」という考え方をする[13]（Chrulew 2011a:141）。種とそれに属する個体は、一方の継続には他方の「生存」が前提となるのだから、単純に切り分けて考えることはできないが、それでも、それぞれがもう一方の幸福に何らかの配慮をするようなかたちで、自らへのケアを続けることはできるだろう（少なくとも短期的には可能だろう）。

パタクセント、ICF、オペレーション・マイグレーションのスタッフたちがインタビューで話してくれたことだが、コスチュームを用いた飼育は、保全活動の「実際的な」成果に突き動かされている。つまりそれは、放鳥後に生存し繁殖する可能性がもっとも高い鳥を最大数生み出すためのアプローチなのである。もし種の保存に資することがなければ、コスチューム飼育のように手間と予算がかかるものが、個々の鳥の幸福のために採用された可能性はきわめて低い。実際、後述するように、他の飼育下繁殖プログラムでは、繁殖力を高めるために人間を鳥に刷り込むケースが普通に見られる。

ここでは、一般に「環境保全」のアジェンダと考えられているものと、「動物福祉」のアジェンダとして考えられているものの間に、重大な緊張が生じている。私はこの状況を評して、環境保全活動家を冷淡で非倫理的な存在として提示したいとは思わない。また反対に、個人の価値観ではなく「保全科学」の理念に基づくとされる彼ら特有の目標をきれいごとで飾り立てるつもりもない。その代わり私は、この状況を、ケアの体制が重なり合う現場として捉えようと思う。この視点から見れば、環境保全活動家は、動物福祉活動家とはたしかに異なるケア・プロジェクトを追求しているが、彼らもまた自分が望ましいと思う価値観によって突き動かされている点は変わらないことが容易に理解されるだろう。ジョアンナ・ラティマーとマリア・プイグ・デ・ラ・ベラカサが指摘するように、科学コミュニティが何を重要だと捉えているか――「ある関心はいかに存在し、ある関心はいかに不在なのか」――は、その分野の定義や様態、さらには正当性を説明する重要な要素である（Latimer and de la Bellacasa 2013）。科学の実践（これは常に社会的実践でもあるのだが）がどのようなものであっても、そこでは、ある特定のケアの方法や対象が、それ以外のケアの方法や対象よりも例外なく優先されている（ただしその優先順位は固定されたものでも静的なものでもない）。たとえば、保全生物学とその実践においては、種に対するケアが、個体の幸福などの他の事柄に優先することが明らかに多い。コスチュームを用いた飼育のように、ケアの実践が、種の繁栄と個体の実りある生活の双方に肯定的に寄与する場合もあれば、のちにみるように、ケアの体制の調整がうまくいかず、あるアジェンダが他のアジェンダを圧倒してしまう場合もある。(14)

代行者、犠牲者、種の思考

ここまで私が描いてきたのは、アメリカシロヅルの飼育下繁殖のただ一つの側面、放鳥のために育てられる幼鳥たちの姿にすぎない。しかし、北アメリカにある五か所の飼育下繁殖施設には、他の絶滅危惧種の保全プログラムと同様、一生を狭い囲いのなかで過ごすことを運命づけられたアメリカシロヅルたちが暮らしている。囲いの外の世界、つまり自分たちが決して見ることない場所に生きる子孫を増やすための繁殖鳥である。この鳥たちは、ほとんど隠遁に近い生活を送りながら「見えない労働」(Star and Strauss 1999)に従事し、種の存続という私たちの願いに希望を供給しつづけている。繁殖のための個体群と放鳥のための個体群という二つの集団は、それぞれまったく異なる生活様式をもち、それに適した個体となるよう厳密な管理がなされているが、この二集団の間には、管理と生活の面で、はっきりとした断絶がある。このような永遠に続く飼育の場に引きずり込まれたのはアメリカシロヅルだけではない。他の鳥たちも、抱卵、毒見、試験対象といった役割を与えられ、プロジェクトへの参加を迫られているからだ。この節では、そうした役割を与えられた、実際的、代行的、そしてしばしば犠牲的な個体群に焦点を当てていく。この個体群は、それぞれ異なるかたちではあるが、アメリカシロヅルの生活を継続させるために不可欠なものである。

北アメリカにおけるアメリカシロヅルの飼育下繁殖個体群はおよそ一五〇羽で、その多くがパタクセントとICFに暮らしている。これらの個体群の繁殖生活が厳重に管理されているのは、すでに何度も述べたとおりだ。どちらの施設でも、できるだけ多くのひなが手に入るよう、卵を取り去って追加の卵を産ませるという、先に見たとおりの方法を採用している。そしてその際は、受精卵を作るのに人工授精(artificial insemination = AI)が広く利用されている。AIが行われるのには、いくつかのケースがある。オスが不妊であったり、つがいのどちらかが十分な生殖能力をもっていない場合や、翼を切断したため羽ばたきやバランスが損なわれ、適切な交尾ができない場合（French, pers. comm.; Gee and Mirande 1996）。確実に受精するように、ちょっとした「手伝い」が必要な場合。また、ICFで特に多く見られる事例だが、特定の鳥にパートナーがいたり、つがいの仲が悪いときに、それ以外の方法では実現が難しそうな遺伝子の組み合わせを実現したい場合である。AIを利用して実現される、高度に管理された遺伝子ペアリングは、絶滅危惧種の飼育下繁殖において、ますます一般的になってきている。なぜなら、限られた遺伝的多様性をさらなる袋小路に追い込むことは避けなければならないからだ。現在、パタクセントとICFで繁殖しているほぼすべてのツルは、何かしらの理由でAIを利用している。

人工授精は、関係する専門家グループの外ではほとんど注意の払われることのない技術であり、実践である。鳥類で最初の人工授精が成功したのは一〇〇年以上前のことだが、今日、この技術は養鶏業で広く利用され（養鶏業は、鳥のAIに関する知識が生産される場でありつづけている）、四〇種を超える絶滅危惧の鳥の飼育下繁殖でも採用されている（Blanco et al. 2009:200）。このように商業活動や保全活動において可能性が示されているAIだが、その実践は、鳥にとって依然として侵襲的で、しばしばストレスの多い行為だと言える。

鳥の飼育下繁殖プログラムで用いられている人工授精の手法には、いくつかの種類がある。アメリカシロヅルの場合、主流となっているのは「腹部マッサージ」と呼ばれるアプローチだ。腹部マッサージでは、少人数でオス鳥を捕まえて保定してから、精液採取における「従順性を高める」ためにマッサージを行う。

オス鳥をアシスタントの足の間に置く。鳥の頭と首は採取者の後ろ［足の間］に、胸はアシスタントの太ももにもたせかける。このとき、鳥と作業者の安全が非常に重要だ。繁殖期のツルは攻撃的になることがあり、そのため、オスに攻撃させる対象として、そして捕まえて保定する際の道具として、ほうきがよく利用される（Blanco et al. 2009:203）。

腹部マッサージの際の保定方法は、鳥種によって異なる。たとえば、オウムの場合は、噛まれるのを防ぐため、透明なプラスチックの筒を頭からかぶせることが多い。下半身はなでられるようになっていて、足はひっかかれないように保定される。精子の採取が終わると、オウムは「筒の上部から簡単に抜け出る」ことができる（Blanco et al. 2009:203）。

先述の例からもわかるように、腹部マッサージが鳥に大きなストレスを与えるケースは決して珍しくない。実際、多くの鳥が採取者に激しく抵抗し、攻撃をしかけてくるのは、その鳥が強いストレスを感じているからにほかならない。また、腹部マッサージは非日常的な光景ではなく、週に二〜三回行われる場合もある（Gee and Mirande 1996:207）。メスの人工授精は、オスの場合と多くの点で似通っている（鳥を捕まえて保定し、マッサージをして、最後に受精にいたる）。そのプロセスはツルの生態と飼育を解説した手引きに詳しく、たとえば次のような一節が見つかる。

パタクセントでは、メスのツルはオスと同様のマッサージを受ける。ＩＣＦでは、メスの背部と側部（翼の後方）をなでて、オスが交尾時に腹部を乗せる場面を再現する手法がとられている。その後、精子を総排出腔（膣）に注入することができ……非協力的なツルの卵管に注入することも可能である……また、メスの腹部と総排出腔壁を強く圧迫することで、卵管の遠位端を露出させられる。卵管の露出は、力任せに行うと鳥のけがや不要なストレスにつながるため、経験を積んだ者に任せるのが望ましい（Gee and Mirande 1996:208）。

こうした人工授精の実践は、コスチューム飼育によって育てられ、最終的に放鳥されることになる幼鳥の生活とは、著しい対照をなしている。通常、ツルが繁殖鳥に選ばれると、スタッフはコスチュームなしでその世話をするようになる。繁殖鳥になったツルも、多くの場合、人間の刷り込みを回避するために、最初のうちはコスチューム飼育によって育てられるが、いったん放鳥しないと決まると、人間という存在への慣れはもはや回避すべき深刻な問題ではなくなり、むしろ積極的に奨励されるようになる。繁殖鳥にとって、人間に対するある程度の慣れは避けられないばかりか、プログラムの成功のためには必要かつ望ましいことだと考えられている。

鳥の行動に明らかなストレスの兆候が見られることに加え、養鶏業が行ってきた数多くの研究から、人工授精が鳥に対して非常に高レベルのストレスを与えているのは明白である。こうしたストレスは、鳥の繁殖成功に対して重大な悪影響を及ぼすと広く考えられている（Blanco et al. 2009:202）。そのため現在では、アメリカシロヅルをはじめ、飼育下繁殖が行われている絶滅危惧種の鳥は、「この技術を受け入れるよう訓練される」場合が多く、ＡＩの各種作業やそれを行うスタッフに慣れるよう促されている。「ＩＣＦでは、一二種のツルが受精に成功している。受精はどれも、ツルが交尾の姿勢をとり、マッサージの刺激とスタッフの作業に反応して卵管を露出することで行われた」（Gee and Mirande 1996:208-209）。ツルがＡＩを受け入れる度合いは個体によって差がある。しかし、ストレスを軽減させるために、すべての個体がそのプロセスに慣れるよう訓練されている。そうすることによって、採取される精子の質が高まり（糞尿による汚染が減り）、受精の成功率が（さまざまな理由によって）上がり、作業中に鳥やスタッフがけがを負う可能性も低くなる。

ツル以外の鳥の飼育下繁殖プログラムでは、鳥が人工授精のストレスを感じなくなる可能性に賭けて、意図的に人間を刷り込む「協力的」アプローチが開発されてきた。だが、ここまでの議論を見れば明らかなように、私はこの文脈で使われる「協力的」という表現が適切とは思えない。こうしたアプローチは、猛禽類の飼育下繁殖で特によく見られるものだ。トム・ケイドが指摘するように、猛禽類はしばしば「人間を刷り込んで優秀な精子ドナーに育成するために、隔離して育てられる。鳥は通常、人間のスタッフがかぶった特殊な帽子と交尾し射精するよう訓練される。そして二〜三か月にわたり、高品質の精子を多量に生産し、猛禽類の繁殖計画において、受精卵が生まれる確率を押し上げる大きな戦力となる」（Cade 1988:281）。

パタクセントやＩＣＦでは、このようなかたちで人間をアメリカシロヅルに刷り込むことは行われていない。もしそれをしようと思えば、先に見たテックスとジョージ・アーチボルトの例のように、骨の折れるやりとりが必要になるだろう。ブライアント・ターはあるインタビューで、人間を刷り込むことは、小さな飼育下個体群にとっては大きな利益になるが、「大きな群れでは、基本的に鳥たちに互いのために『働いて』もらう必要があります」と説明している（Tarr pers. comm.）。鳥に「働いて」もらうのは、特に繁殖期に言えることだが、ツルがパートナーと一緒にいる必要があるときに人間にその役割を任せようとしても、スタッフ数がまるで不足しているためだ。そうしたことから、ツル自身につがいを作ってもらい、求愛行動をしてもらう方が、はるかに簡便で効率的な方法だと考えられている（それが終わったあとで、ＡＩを利用して遺伝子の組み合わせを管理する）。

生まれてから死ぬまでずっと飼育下に置かれる鳥たちの人工授精の利便のために、こうして人間に慣れさせ、人間を刷り込ませることをどう考えるべきか、これは難しい問題だ。人工授精をより「協力的」にするためのさまざまなアプローチが、ツルの生活（そしておそらくその発達過程）への介入であるのは間違いない。だがその一方で、同じアプローチが、飼育環境のストレスを軽減し、鳥たちの生活の質を向上させているようにも見える。ターが提起しているように、飼育下の鳥のＡＩへの反応をスペクトラムを用いて理解することは有用だろう（Tarr pers. comm.）。

［人工授精に対しては］明らかに苦しんでいて協力したくないと思っている鳥から、なかば協力的な鳥、それが大好きな鳥まで、グラデーションのようなものがあるのではないでしょうか。刷り込みがなされた鳥はそれが「大好き」な部類に入り、訓練されていない野生の鳥はその反対側の端にいると言えるかもしれません。我々が飼育している鳥はその間のどこかに位置し、しかもそれは狙いどおりです。鳥たちは、捕まってあれこれ処置を施されることを本当に嫌がっているのですが、我々が近づいても、ゆっくりと歩み去るだけです。人間を怖がっているのではなく、ただ避けてい

るわけです。そこで我々は、驚かさないように囲いの隅に追い詰めてから、鳥を捕まえて頭を足の間に挟みます。そして、背中や太ももをさすってやります。そうすると、鳥は作業に順応して、「こいつから逃げ去りたい」という気持ちから、「ああ、悪くないね」という気持ちになる。そのうち満足げな声を出して、リラックスしはじめるのです。

このように、スペクトラム（グラデーション）の中間に位置するアプローチは、アメリカシロヅルの飼育下繁殖個体群にとって、実際的で最適な方法だとみなされている。パタクセントとＩＣＦのスタッフのインタビューからも、このアプローチが、コスチューム飼育の場合と同じく、保全活動の成果の最大化を目的としたさまざまな実際的要因によって推し進められていることが明らかになっている。同種の仲間を刷り込まれているが、人間にも慣れているツルは、より多くの受精卵を提供してくれる可能性が高い一方で、人工授精の処置の際に自分やスタッフを傷つける可能性が低い。また、同種のツルをパートナーにすることができるので、ダンスや鳴き声などの求愛行動において、さほど人間の手をわずらわせることがない。

私は、この中間的なアプローチが倫理的な面で最善の選択肢になる場合も多いのではないかと思っている。人間との接触によるストレスを軽減し、鳥の日常生活や発達過程において一定の自立を尊重し、パートナーの存在を確実なものにするからだ。とはいえ突き詰めて考えれば、このアプローチにかぎらず、これこそが最善の選択肢だと言い切ることは不可能である。こうした倫理の探究は、私たちが分別をもって語れる範囲を押し広げるが、動物行動学が必要になるのは、まさにこのときだ。言い換えれば、ある生の様式に従うことを強いられている生物に、そうした生の様式がもたらす良い点、悪い点について、ケースごとの調査（侵襲的になることが多い）が必要になるということだ。

たとえば、異種を意図的に刷り込ませることは普通、強制的な行為と言っていいだろうが、この考え方を一般化することはできるだろうか？　人間を刷り込むことで、人工授精のプロセスを受け入れ、それどころか楽しみさえすることは、飼育下繁殖個体群の一員として一生を過ごす鳥たちにとって、実はストレスの少ない、より実りある生活へとつながっているかもしれない。ただし、こうした緊張をはらんだ場に足を踏み入れたとたん、私たちはそこに潜む「異種間の快楽のタブー」に直面する。私は、種の境界にまたがる性的快楽という純然たる事実によって、このアプローチが飼育下の生活にとって望ましいという考えが否定されるとは、まったく考えていない。それどころか、反対ではないかとさえ思っている。しかしながら、この具体的なケースでは、そうした快楽を、「自分のケージを愛する」よう条件づけられた鳥を生み出すような、発達過程に対する意図的な介入と切り離して考えるべきではない。

ところが、こうした関係の倫理はここでもまた不明瞭だ。元来ストレスが大きく侵襲的な扱い、とりわけ性に関する扱いを、さほど苦痛に感じないように条件づけして受け入れさせるという考えは、その対象が人間であればきわめて不快に感じられるが、同様の一般原則をツルに適用することは、はたして正しいのだろうか？　「自由意志」や「自立」は、ここで本当に重大な問題となるのか、あるいは、そうしたものをこの文脈に置き換えること自体が、飼育されている鳥に対する一種の暴力になるのか？　人間などの他種の生き物をツルに刷り込むことは強制的で暴力的な行為である一方で、恐怖やストレスが存在する飼育下の生活よりもましという状況もおそらくあるだろう。あるいは、AIをはじめとする飼育下の扱いに慣れることは、各種の問題を十分に打ち消すものであり、それゆえ、パタクセントやICFのアプローチが望みうるかぎりの最善なのかもしれない。私は、「飼育」のかたちが多数存在し重なり合っているこの難しい場において、何が最善の選択肢なのか、本当にわからないままでいる。

人間と暮らすストレスは、飼育下の生活がもたらす数多くの倫理的課題の一つにすぎないことを思い出すのも重要だろう。たとえどれほどよく人間に慣れたとしても、飼育下のツルの生活は、さまざまな面で劣悪にならざるをえない。巨大な草地の飼育場で一生の大半を過ごす鳥たちは、自由に生きるアメリカシロヅルが経験するような環境的、社会的、行動的な多様性を決して享受することはない。飼育場のツルたちは、餌をさがして飛んだり湿地帯を闊歩することもなく、ほとんどの場合は、自分の卵を温めてひなを育てる機会すら与えられない。

もちろん、自由に生きる鳥たちもまた、さまざまな欠乏やストレスを経験していることを忘れるべきではないだろう。飼育場の囲いの外はエデンの園ではないのだ。しかしそれでも、飼育下の繁殖鳥の生活が、自らの選択の結果ではなく、他者の利益のために捧げられる一種の「犠牲的生活」であることには変わりがない。種を守る努力の一環として、生活が犠牲になっているのだ。また、こうした消耗生活に引きずり込まれるのは個々のアメリカシロヅルだけではない。他種の個体もまた、さまざまなかたちでアメリカシロヅルを存続させるための犠牲的立場に置かれている。その重荷の多くを背負わされているのがカナダヅルだ。実際、パタクセントやICFなどで飼育されているカナダヅルのコロニーは、その生涯をアメリカシロヅルの卵を温めることに費やす。現在では卵を温めるのに機械を使うことも多いが、それでも経験豊富なカナダヅルにかなうものはいないようだ。孵化器に移すまでに、カナダヅルが抱卵していた期間が長いほど（特に産卵直後から温めていたときほど）、孵化の確率は高くなるという。飼育場の囲いの内側にはこうした鳥が何百羽もいて、新しいアメリカシロヅルの卵が生まれるたびに約二週間の手慣れた抱卵作業を行い、それを繰り返しながら一生を過ごすのである。

同様に、超軽量グライダーを使った渡りを実現可能なものにし、その最適な練習法を確立するためには、最初からアメリカシロヅルのような絶滅危惧種で実施するのではなく、失われても惜しくない存在で試し、改善していく必要があった。その危険で困難な仕事を請け負うことになったのも、カナダヅル――およびカナダガンやナキハクチョウ（*Cygnus buccinators*）などの鳥――である。実験はおよそ一〇年間続けられ、その結果、飛行中の主な危険は、イヌワシ（*Aquila chrysaetos*）による捕食、電線や超軽量グライダーのプロペラへの接触などであることがわかった。一連の実験で、けがをしたり死んだ鳥は多数にのぼる。あるケースでは、数百本の電線を横切るような「危険を伴う」ルートを意図的に選んで利用したこともあった。それは、潜在的な危険を知り、「絶滅危惧種のツルで訓練を始める前にその解決策」をさぐるためだった（Ellis et al. 2001:141, 2003:262）。

それ以外にも、さほど目立たないかたちでこの保全プロジェクトに巻き込まれた鳥たちがいる。たとえば、パタクセントにいるウズラのコロニーは、アメリカシロヅルが食べる餌の品質と安全性を確認するための「王宮の毒見役」として導入されたものだ（ウズラの導入は、新しく開封した餌が微量の有毒物質に汚染されていて、アメリカシロヅルが病気になった事故がきっかけだった（French pers. comm.)）。また、繁殖施設の外でシチメンチョウを「歩哨動物」として利用しようという提案もある。管理飼育下あるいは放し飼いのシチメンチョウを、アメリカシロヅルの放鳥予定地に移動させ、体調の変化などを見ることで、そこがツルにとってふさわしい場所かどうかを判断するというのだ（USFWS 2011:6074）。

こうした鳥はすべて、「犠牲的な代行者」としての役割を担っていると言える。具体的には、ある存在が、何らかの類似性（実際のものでも、仮定されるものでも）によって、他の存在の代役を務めることができる／務めるよう要求されることであり、ここで重要なのは、それを行うときのコストや被害を引き受けるのは代役の鳥だという点だ（Reinert 2007）。なお、この場合の類似性とは、生物学的、行動的、社会的なもので、こうした類似性があるおかげで、食習慣、有毒物質への暴露、抱卵、渡りといった事柄について、ある種に属する個体の情報、経験、身体的な労働が、他種の個体の情報、経験、身体的な労働の代用品になりうる。また同様に、その類似性があることで、他種の代わりに仕事を行ったり、他種の生活や可能性に対する有意義な洞察を提供できるようになる。私はなにも例外的な話を持ち出しているのではない。このことについて、ジョン・フレンチは次のようにまとめている。「我々がとった戦略は、絶滅危惧種の保全プログラムではよくあるように、近縁種、可能ならば同属種で実験を行うことでした。要するに、一般的な種で失敗を重ねていけば、そこから得られた実験結果を、その近縁の絶滅危惧種に適用できるだろうと考えるわけです」（French pers. comm.）。これらの鳥たちは皆、アメリカシロヅルの苦境――「絶滅のなだらかな縁」にある種の飼育生活――に巻き込まれ、さまざまな点で、その存続のために自らの生活や自由を犠牲にさせられてきた。そして、ここでは「種の思考」が幅を利かせており、「軽度懸念」に分類される種の個体をさまざまに引き寄せている。「軽度懸念」とは、国際自然保護連合が提唱する自然保護のカテゴリー項目の一つで、現時点では絶滅の危機に瀕していないことを示すものだが、この文脈では、倫理に関する一種の分類学的カテゴリーでもある（van Dooren 2011a）。後者のカテゴリーでは、そこに含まれる種の個体は、より必要とされる種の存続のために利用可能、消耗可能な生のかたちとして取り扱われる。[15]

暴力的 - ケア――なだらかな縁で希望をつむぐ

二一世紀の今日、環境保全と呼ばれているものの多くは、先に見たような複雑な構造を有している。ケアはそのようにして実践され、アメリカシロヅルをはじめとした種の存続の希望がつながれているのだ。現代という絶滅の時代においては、他者に対するケアを「廃墟でのガーデニング（gardening in the ruins）」（Tsing, forthcoming）として捉えるのが適切なのかもしれない。廃墟でのガーデニングとは、もっとも望ましい選択肢が存在せず、理想からほど遠い状況で、種およびそれを構成する個体を養い、維持するのを目的としたケアの実践のことだ。それは間違いなく、完璧な解決策も安易な打開策もない、生きるには困難な場である。北アメリカのアメリカシロヅルに関して言えば、そうした場に身を置くことは、そのために犠牲になり飼育される多くの生命を伴う環境保全という暴力と、絶滅という暴力の間で舵をとる試みにほかならない。

「絶滅のなだらかな縁」で実践されるケアは、さまざまな形態の暴力と密接かつ不可分に絡まり合っていることが少なくない。つまり、それは「暴力的 - ケア（violent-care）」なのだ。私がパタクセント、ICF、オペレーション・マイグレーションで出会った、ツルの存続に自身の生活を惜しみなく捧げてきた情熱あふれる人たちは、間違いなく、ツルの未来を心から気にかけていた。そうでなければ、うだるような暑さのなかツルのコスチュームを身にまとって、鳥たちを泳がせたり歩かせたりはしないだろう。実のところ、私たちホモ・サピエンスもまた、ある重要な意味において、アメリカシロヅルの存続のための犠牲の場に引きずり込まれた種の一つなのである。しかし、個体（の一部）やそれが属する種に対するこのような親密なケアは、いわば方程式の一方の辺にすぎず、もう一方の辺では、他の生のかたちが見捨てられ、あるいは犠牲にされている。危険な渡りに連れ出されたり、飼育環境に閉じ込められ、ストレスや潜在的な病気にさらされているのだ。こうしたケアと犠牲という二つの実践は、完全に混ざり合っている。その二つが一つの場に集まることで、アメリカシロヅルの生命と生活が存続する希望がつむがれている。

このような状況が提示されてもなお、おそらく私たちの多くは、絶滅ではなく、飼育下繁殖を前提とした環境保全の暴力を選ぶことだろう。しかし、そうした決断を下すからといって、ここまで見てきた真の倫理的困難――環境保全の場で生じているケアの暴力――をなかったものと考えるわけにはいかない。むしろ、環境保全を支持しようと思えば、可能なかぎり良い状態になるよう奮闘を継続しつつ、この難しい状況を積極的に引き受け、意識的にそのなかに身を置くことが必要となるだろう。この複雑な場での環境保全は、ダナ・ハラウェイの言葉を借りるならば、「困難と共にあること（staying with the trouble）」に対する献身的で弛みない実践が求められる（Haraway 2011, forthcoming）。アメリカシロヅルの飼育下繁殖の倫理に対する私のアプローチは、この「困難と共にあること」の実践に導かれたもので、普遍的なシステムや一般化可能な原則に根ざしているのではない。白黒がはっきりした答えや単純な正当化に満足することなく、絡まり合った多種の世界におけるリアルな関係の複雑さと困難さを生きる試みなのである。

アメリカシロヅルの保全——および他の絶滅危惧種の保全プロジェクトの大半——における「困難と共にあること」の実践の中心にあるのは、ハラウェイがデリダに倣って「犠牲の論理（sacrificial logic）」と呼んだものを乗り越える必要性である（Haraway 2008）。「犠牲の論理」とは「種の思考」（Chrulew 2011a）の特殊なかたちであり、そこでは、問題となる絶滅危惧種の個体と、そのドラマに関与する数多くの他種の個体の両方が、環境保全という大義名分の下、「殺してもよい」ものとして位置づけられる。この論理を拒否することは、私たちが「殺してもよい」個体たちに倫理的な要求を突きつけられていると主張することにほかならない。ここで重要なのは、環境保全の名の下に殺したり、苦しみを与えたりすることは決してできないということではなく、そのようなことをするという判断は、いかにそれを厳密に正当化し、選択肢を吟味したところで、私たちに安心や満足を与えることは絶対にないということだ。この文脈では、環境保全のために殺したり、苦しみを与えることは、少なからぬケースで「必要であり、実に良いこと」になりうるが、「純粋に管理的であったり、あるいは自らが関与しない、影響を受けないようなかたちで、その苦しみとの関わりを『是認する』ことは決してできない」（Haraway 2008:72）。アメリカシロヅルの最後の個体の死が数十年先延ばしになったとしても、あるいは、自立した渡り集団が再びいくつも生まれるほど種が回復したとしても、こうした結果を生み出した暴力と苦しみは消えず、「正当化」できることもないだろう。

ここまで本章で見てきたのは、アメリカシロヅルの飼育下繁殖において、両立しえないケアの体制が重なり合い、ときに対立する状況だった。この絶滅危惧種のケアのために払われる実際の労力は、一連のアプローチとプロトコルを生み出したが、それによって、さまざまな種の個体に対するケアの取り組みが損なわれてもきた。このようにして、ある実りある生のかたちが、他の存在のために犠牲にされてきたのである。これは、保全対象へのケアが、他のあらゆる倫理的な問題に優先すると無批判に考えられているのが常態の保全プロジェクトでは、ありふれた出来事だ。[16]この状況を念頭に置いたうえで、「犠牲の論理」を拒否しようと思えば、種と個体の両方が豊かになることを真剣に受け止めた、ツルのケアの方法を考案する必要に突き当たる。そうなれば、こうした真の倫理的要求から逃げて、倫理的安らぎの場に身を置くということは、もはやできなくなるはずだ。そのとき私たちは、現状よりもうまくやれるよう、たゆまぬ努力を続ける責務に直面する。この先も飼育下繁殖が継続されるものなのなら、言い換えれば、こうした苦しみに重荷の下にあってもなお、突き詰めれば飼育下繁殖が「良いこと」だと感じるのなら、私たちはどうすれば、それを最善のかたちで実現できるのだろうか？

第一に求められるのは、この困難な場に引きずり込まれたツルや他の生物の生活を改善するための継続的な努力である。パタクセント、ＩＣＦ、オペレーション・マイグレーションで私が会ったスタッフたちは、自分の責任について深く考えていた。スタッフたちは、予算や人員といった制約、そして何よりもツルという生き物を扱ううえでの生物学的な制約があるなかで、感嘆すべき仕事をこなし、さまざまな方法を用いてツルを育て、生み出していた。しかし、それらの飼育下繁殖施設で一般的に使われている、ツルの日常生活に関するプロトコルは、そのほとんどが実際面での成果を基準に考案されたものだ。たしかにコスチューム飼育や人工授精への慣らしは、飼育され放鳥される鳥の生活を改善するかもしれない。だがインタビューで明らかになったのは、そうしたケアが、繁殖成功率の上昇や、より確実な(そして労力のかからない)繁殖行動の実現といったことを、主な目的として行われているということだった。それが種の保存に直接的な利益をもたらすものでなければ、採用されなかったことも十分に考えられる。

以前私は、パタクセントで、アメリカシロヅルの親鳥飼育を試す可能性についてジョン・フレンチと意見を交わしたことがある。つまり、カナダヅルや機械を使って卵を温めたり、コスチュームを身に着けた人間がひなの世話をするのではなく、そうした仕事の少なくとも一部をアメリカシロヅルの親鳥に任せようというのだ。[17] この話をした時点では、親鳥飼育については十分に検討されていなかったが、その理由はやはり実際的な成果への不安だった。先に見た「東方渡り個体群」として放鳥されたツルたちは、生存はしていたものの、繁殖はうまくいっていないと考えられていた。実際、過去およそ一〇年間に放鳥したツルは数百羽にのぼるが、その個体群から生まれて成鳥になったのは、わずか三羽にすぎなかった。そうなった理由はいくつも考えられる。たとえば、一つの有力な仮説に、ウィスコンシン州のネシダー国立野生生物保護区にいる大量のブユ(ブヨ)によって、鳥が自分の卵やひなを放棄してしまった、というものがある。最近、ウィスコンシン州で放鳥予定地が変更されたのは、こうした背景があったからだ。とはいえ、繁殖が成功しない主な理由はブユかもしれないが、フレンチ自身は、飼育下で成長した鳥に自分の子供を育てる能力が欠けている可能性を懸念している。

そう思うのは、鳥たちの育てられ方が従来とあまりにかけ離れているからだ——通常は大半の時間を親鳥と過ごし、自分以外の幼鳥をめったに見ないものだが、飼育下のひなは、多くの時間を仲間のひなと暮らし、主にコスチュームを身に着けた人間が親鳥の代わりを務めている。こうしたことを考慮に入れると、親鳥に育てられた鳥の方が、放鳥されたあとでも自分の子供を育てるのがうまい、という可能性も否定できない。

飼育下のツルの生活を改善するのに必要なのは、まさにこうした変化なのかもしれない。過去数十年の間に動物園や研究所で行われた調査によると、この種の社会的、環境的なエンリッチメントは、飼育動物の生活を向上させる鍵となる役割を果たすという（Hosey, Melfi, and Pankhurst 2009）。ヨーロッパの動物園では、子育ては、重要な社会エンリッチメントを提供すると考えられている。コペンハーゲン動物園の保全責任者であるベングト・ホルストは次のように述べている。「私たちはすでに、動物たちの捕食行動と捕食回避行動を奪ってしまいました。そのうえ、養育行動を取り上げてしまったら、動物たちにはもうほとんど何も残されないことになります」（Kaufman 2012）。そのためコペンハーゲン動物園では、アメリカの多くの動物園のように避妊薬を使うのではなく、動物が子供を産むことを認め、親離れする年齢まで育てることも了承している。そして子供がそこまで大きくなると、動物園には収容数の限界があるため、その個体は「安楽死」させられることになる。こうした行為——マーク・ベコフが、安楽死《ユーサネイジア》とは根本的に違っているのだから「ズーサネイジア」と呼ぶべきだと主張した行為（Bekoff 2012）——が提起する数々の倫理的問題について、ここで取り上げるつもりはない。その代わり、ここで特に重要になるのは、この行為が、動物を自分の子供の養育に関与させることで生まれる潜在的なエンリッチメントの利益をいかに浮き彫りにするか、ということなのだ。柵で囲われた飼育場、給餌方法、おもちゃやパズルといった刺激によってもたらされる動物たちの多様な反応の研究からは、飼育動物の生活を豊かにするための他のさまざまな選択肢が提供されている（Hosey, Melfi, and Pankhurst 2009:259-88）。

アメリカシロヅルの保全プログラムでは、現在すでに行われているエンリッチメントの取り組みもあれば、将来に向けて検討中のものもある。たとえば、パタクセントでは、ツルの飼育場に湿地環境を導入する試みが進行中だ（French pers. comm）。環境を豊かにするこのような変化は、集約型の飼育下繁殖施設の多くで見られるように、種と個体へのケアの体制がうまく調整されているときに生まれる傾向がある。その一方で、倫理的な関与を持続的かつ常在的に行うには、飼育下の個体の生活が豊かになることの「単純な」利益のための研究と変化の価値を認め、サポートし、投資することが求められるだろう。ケアの実践がうまく調整されている場所では、さらに多くのことが行われる可能性がある。そうでない場所では、困難な決断を下す必要が出てくるだろう。しかし、それは、「種の利益」が他のあらゆるもの、あらゆる存在に常に優先するという前提に基づいて実践されるのではなく、あくまで決断として行われるべきである。

倫理的配慮の射程を広げること、飼育下での生活を改善するために働きかけることに加えて、私が提唱する倫理的実践には、第三の重要な特徴がある。それは、世代を通じたさまざまな生物の命、苦しみ、生活の質という観点から見た、この特異な緊急保全の現実を白日の下にさらすことだ。その核心には、「人間が抱く夢や構想の陰で急増している……哀れな生き物たち」（Kirksey, forthcoming）をい

飼育小屋で放鳥を待つアメリカシロヅル
（U.S. Fish and Wildlife Service/Southeast; CC BY 2.0）

くらか可視化しようという目論見がある。現状、飼育下繁殖や放鳥プログラムが世間に公開されるときは、単純で予想どおりにセンセーショナルなサクセスストーリーとして伝えられるのが常だ。超軽量グライダーに先導される渡りという壮観な見どころや、誰もがすぐに理解できる贖罪《しょくざい》の枠組みをもつアメリカシロヅルの物語は、その意味で完璧な事例だと言える。人間がテクノロジーを利用して鳥を救い、渡りに導いたというわけだ。しかし、この枠組みは、飼育下での生活の現実を後景に押しやり、わかりやすい「ケア」の化粧板でそれを覆い隠してしまう。この文脈で引き合いに出されるのは、理想化された「母親的ケア」である場合が多い。実際、コンラート・ローレンツは「ガンの母親」であったし、ツルがグライダーについていくのは、それを母親だと思っているからだ。ロシアのウラジーミル・プーチン大統領ですら、ツルの渡りと共に紹介されるときには、この枠組みを当てはめられるようだ。二〇一二年九月、絶滅危惧種のソデグロヅル（*Grus leucogeranus*）の保全プログラムの一環で、プーチン大統領が「ツルとの飛行」に同行すると、多くのメディアがこの型通りのイメージを使用したのである（Malein 2012; Stewart 2012）。

一部の保全サークルにおいても、飼育下繁殖と放鳥はますます一般的な選択肢とみなされるようになっている。言うまでもなく、この手法を最初期に採用したのはアメリカシロヅルだが、ここ数十年の間に、それ以外の多くの絶滅危惧種の保全にも使われるようになった。本書で取り上げたインドハゲワシ（第2章）やハワイガラス（第5章）も、その事例に含まれる。全体を見れば、一九九〇年代初頭、国際自然保護連合は、世界のオウム種の五〇パーセントに対して、そしてアメリカ国内で承認された絶滅危惧種の回復計画の六四パーセントに対して飼育下繁殖を推奨したと、ノエル・スナイダーらは報告している（Snyder et al. 1996）。経済面で負担が大きいこと、実践面で大きな困難があること――そこには成功率が非常に低いことも含まれる（Bowkett 2009; Fischer and Lindenmayer 2000; Snyder et al. 1996）――にもかかわらず、今なお、飼育下繁殖プログラムは、絶滅危惧種にとって賢明な選択肢と見られることが多いようだ（Martin 2012）。

しかし、そうしたプログラムに加わった動物と一緒に過ごしてみれば、そこで使われているアプローチがそれほど単純に割り切れるものではないことがわかる。同じことは、単純明快なケアの物語や、そこで語られる成功についても言えるだろう。アメリカシロヅルの物語は、絶滅がイエスかノーか、白か黒かのような単純な現象とは似ても似つかないことを明白に示している。個体にとっても種にとっても、ここで問題になっているのは、生と死だけに収まらない何かだ――生と生に満たない生、死と死に満たない死が、そこにはある。「傷ついた生活（wounded life）」（Chrulew 2011a）の場があるのだ。飼育下繁殖の現実を前面に押し出すことは、こうした緊急保全にかかる他の「コスト」のいくつかを浮き彫りにすることだ。それによって私たちは、種を「絶滅のなだらかな縁」の場へと追いやること、そこで飼育することの何が問題なのかを、より批判的に考えられるようになるだろう。

本章を書き進めながら、私は数か月前にホワイト・リバー・マーシュで会った六羽の若いアメリカシロヅルのことを定期的にチェックしてきた。といっても、私はいま遠く離れた土地にいるので、その確認作業は、ブログと「クレーン・カム」という名のライブストリーミングを通じて行っている。(18) 六羽はみな元気だが、そのうち一羽は咳をしていて、疲れやすいように見える。さほど遠くない将来、このツルたちは南への最初の渡りの旅に出ることになるだろう。その際には、例年どおりグッズ販売と寄付によって運営資金が集められるはずだ。また、これもいつものように、地元のコミュニティの関心を集め、想像力をかきたてることは間違いない。人々は、鳥たちが上空を飛んでいくのを熱心に観察しながら、その話題について意見を交わすことだろう。私もまた、このプロジェクトに携わるすべての人と同じように、アメリカシロヅルの未来に希望を抱いている。だがそれと同時に、こうした希望がいかに生み出されているのか、その具体的な方法についても注意を払いたいと思っている。私は、絶滅の縁へと追いやられた種へのケアを応援したいが、種や環境に対するケアの場の多くで生じている――ある程度までは避けがたい――暴力的な現実も認めたいのである。本章は、そのような希望とケアを擁護する試みだ。つまるところ、私はやはり、ある特定の種類の暴力と苦しみは続く「はず」のものだと認める一方で、私たちの考え方を一変させる必要があることも確信している。そうすることで、飼育空間で共に生きるための、これまでとは違った、より倫理的な方法が可視化されると同時に、必要不可欠になるかもしれないと考えるからだ。正当化の受け入れをどこまでも拒否しながら、この複雑さのなかに身を置くこと。それは現代の倫理的な保全における骨の折れる仕事である。

第5章　死を悼むカラス
——共有された世界における悲嘆

ハワイ島にあるケアウホウ鳥類保護センターで飼育されているハワイガラス
（著者撮影）

いちばん記憶に残っているのは、ホオケナ鳥がつがいを失ったあとに何週間も鳴き声を上げつづけたことだ……おそろしく高い声で、慰めようのない嘆きのようだった……ホオケナ鳥が仲間をさがしているのは間違いないのだが、それはどこにも見つからない――どこにも。

――グレン・クリンガー

冒頭のエピグラフには、その短い文章のなかに、死、死に対する悼み、そして「絶滅」と呼ばれる集合的な死の様式が痛切に描かれている。そこに出てくる「ホオケナ鳥」とは、ずっと前に死んでしまった個体だが、カラス科のなかでもごく希少種のハワイガラス（*Corvus hawaiiensis*）だ。生物学者のグレン・クリンガーがこの言葉を残したとき、ハワイガラスは野生下にわずか三羽しか残されていなかった。野生のハワイガラスが最後に目撃されたのは、それから数年後の二〇〇二年のことだ。以来この鳥は、長期にわたる繁殖保全プログラムの対象として、飼育下で暮らす個体のみが存続している（USFWS 2009）。

本章ではハワイガラスが置かれた苦境について検討していくが、その検討は非常に特殊なレンズ、つまり「死を悼む（mourning）」というレンズを通じて行われる。カラスの行動や生態に関する幅広い素材を利用しながら、その鳥が同種の仲間の死をいかに悼むかについて深く知ることが、ここでの私の関心である。加えて本章では、哲学の文献も参照し、絶滅の時代にカラスを悼むということが私たちにとってどのような意味をもつのかも考えていく。これら二つの死を悼む行為は、私たちが共有するこの世界で生じている多くの生命と多様性の喪失に対して、カラスと共に悼むすべを学ぶ可能性を提示してくれるだろう。

とはいえ、本章は「死を悼む」ことについてただ検討しているだけではない。それだけではなく、そうすること自体が死を悼む行為となることを目指している——死者や死にゆく者の物語を語ることで、そうした存在を生者との関係へと引き込むことを目論んでいるのだ。それによって本章が試みるのは、私たちが死に対して抱いている考えや、他の動物や環境との関係において権勢を誇ってきた「人間例外主義」に横断的に取り組み、それを打破することである。私たちが知的および感情的に「人間以上の世界」から遠ざけられているのは、一つにはこの人間例外主義が原因だと言えよう。死を悼むことは、もう一つの場——死者を認め、尊重する場——へといたる道を私たちに示す。言い換えれば、死を悼むことによって、人間例外主義という虚偽が取り払われること、そして、多種《マルチスピーシーズ》が連続性とつながりをもっているからこそ、あらゆる存在の生活が可能になっていることに気づくのである。

「カラス」らしからぬカラス

あなたがもし一〇〇年前のハワイ島にいて、火山地帯のうっそうとした森を歩いていたとしたら、ハワイガラスをきっと目撃していたことだろう。その鳥を見つけるには、特に目を凝らす必要はなかった。生まれつき好奇心旺盛なハワイガラスは、島の森を訪れた当時の博物学者たちを頻繁に出迎えていたのである（Walters 2006）。カラスに迎えられた人物の一人、ヘンリー・W・ヘンショーは、『ハワイ島の鳥たち』に次のように書いている（Henshaw 1902）。

その鳥は、用心深くもなければ恥ずかしがり屋でもなく、これっぽっちも人間を恐れていない様子で、森への侵入者を見つけると、喜んで飛んでいき、大きなカーという鳴き声で歓迎する。森のなかで見知らぬ人間のあとをつけることさえあり、枝から枝へと短い移動を繰り返しながら、その人物をよく観察し、その性格や目的をさぐっている（Walters 2006:63）。

ヘンショーの言葉が描き出す鮮やかなイメージからわかるとおり、ハワイガラスの生活の中心は森にあった。ときに外の世界へと冒険に出ることもあったが、大半の時間は木々の生い茂る森で過ごし、果実や無脊椎動物を主な食料としていた（Banko, Ball, and Banko 2002）。また、まるごと食べたり、穴を開けて蜜を味わったりなど、花を食料にすることもあったという。ハワイガラスは、ハワイ島でもっとも大型の森林性鳥類であり、先述のとおり果食性の鳥でもあるので、種子の散布において重要な役割を果たしていたことだろう。さらには、「乾燥した森林、湿った森林の生態系の構成と機能に影響を与えている可能性がある」とも考えられている（Banko, Ball, and Banko 2002）。

こうした生息環境や食性を知って、まったく「カラス」らしくないと思った人もいるかもしれない。

カラス科という大きなカテゴリーには、カケス、カササギ、オオガラス、カラスなど、多様な鳥が含まれている。しかし多くの人にとって「カラス」といえば、最後に挙げたオオガラスとカラス、それにニシコクマルガラス（*Corvus monedula*）やミヤマガラス（*C. frugilegus*）といった、「真のカラス」と呼ばれることもある鳥たち（学名が*Corvus*で始まるカラス属の鳥）が一般的だろう。カラス属の鳥は世界各地に数多く存在するが、私たちにもっとも馴染みのある都市部や農村部で人間に囲まれて生きているカラスと、ハワイで見つかるカラスとでは、さまざまな点で大きく違っている。ここで「馴染みのある」カラスとは、アメリカガラス（*C. brachyrhynchos*）、ミナミワタリガラス（*C. coronoides*）、インドや南アジアに生息するイエガラス（*C. splendens*）、そしてもちろんワタリガラス（*C. corax*）が挙げられる。ワタリガラスは、カラス属のなかでもっとも成功した種であり、今では世界の陸地の半分以上に見つけることができる（Marzluff 2005:47）。これらのよく知られた種が、例外なく雑食性で日和見主義のジェネラリストであることは疑いようがない。実際、カラスたちは、多様な生息環境に適応でき、またそれを厭わず、利用できる食料源も幅広い。食料の多くは——少なくとも私たちがよく目撃するのは——道端に落ちている動物の死体や、ゴミ収集場から引っ張り出した生ゴミなどの廃棄物だ。生物学者のジョン・マーズラフは、いま挙げたようなカラスたちを念頭に置いて、次のように述べている。「カラスを何らかの専門家《スペシャリスト》とみなすのなら、それは人間の専門家である」（Marzluff 2005:32）。

都市部でのゴミ漁りというライフスタイルのおかげで、これまでカラスは人々にあまり愛されてはこなかった。実のところ、環境保全活動家がハワイガラスのことを「アララ」というハワイ語の名称で呼びはじめたのは、こうした背景もあってのことだ。よく知っているカラスとの違いを強調することで、ハワイガラスの未来に対する世間一般の関心と資金を集める一助としたのである[1](Lieberman pers. comm.)。ハワイガラスは、果実を主食とし森に暮らすので、その点ですでに他の多くのカラスとは大きく異なっている。だが、違いはそれだけではない。なかでも重要なのは、人間の居住地に対する反応の違いだ。多くのカラスが人間と共に繁栄してきた一方で、ハワイガラスは絶滅の一歩手前まで追い込まれてしまったのである。

ハワイガラスにとって大きな問題となっているのは、島に生息する他の鳥類にも言えることだが、生息環境の急速かつ継続的な変化である。ハワイの鳥たちは、まったく異なる時期に行われた二度にわたる人間の到来を生き延びる必要があった。一度目は、およそ二〇〇〇~一五〇〇年前にあったポリネシア人の定着、そして二度目は、一八世紀後半から始まるヨーロッパ人の入植である。いずれのケースでも多くの種が失われた。今日のハワイは、世界のどの地域よりも、一平方マイルあたりに生息する絶滅危惧種の数が多いという、ありがたくない名誉にあずかっている(Restani and Marzluff 2002; Steadman 1995)。ハワイの現状がひどいことは間違いない。しかし、太平洋(および世界中)の小さな島々の状況も、実はそれほど変わりがない。マーズラフが述べているように、「この一〇〇〇年ちょっとの間に、熱帯太平洋の緑豊かな島々に生息していた鳥類の半分以上が絶滅した」のである(Marzluff 2005:256)。

ハワイガラスをほぼ一掃することになった環境の変化は、さまざまなかたちで表面に現れてきた。いちばんわかりやすいのは、広大な面積の森林が失われたことによって、カラスの生息可能な領域が狭まり、食料としていた植物の一部が手に入りづらくなったことだ。この変化は驚くほど広範囲におよんでいて、たとえば、アメリカ魚類野生生物局によるハワイガラスの回復計画では、次のような指摘がなされている。「アララがこれまで暮らしたことのある歴史的生息域内で、ヨーロッパ人の入植前の状態から著しく変化していない森林はなく、ましてや［ポリネシア人による］島の植民が始まる前の状態から変わっていない森林は存在しない」（U.S. Fish and Wildlife Service 2009:I-10）。さらには、人間の定住に伴いさまざまな動物が連れてこられたことで、カラスにとっての捕食者が増えると同時に、既存の捕食者に対する脆弱性も増すことになった。具体的には、新たにやってきたラット、マングース、ネコのような動物がカラスやその卵を襲い、ブタ、ウシなどの動物が草を食べ、森林地帯の低木層を貧弱にした。後者は結果的に、これ自体も絶滅危惧種に指定されているイオ（ハワイノスリ（*Buteo solitarius*））による捕食の可能性をさらに高めることにつながった。また、人間もカラスの直接の収奪者となった。農民たちは、カラスの鳴き真似をすることで好奇心を刺激し、その鳥が集まってきたところを撃ち殺したのである（Marzluff 2005:259; Walters 2006:62）。こうした脅威に加え、新たに持ち込まれた病気、特にトキソプラズマ症、鳥マラリア、鳥痘もまた、カラスをはじめ多くの鳥に大打撃を与えた。病気にかかった鳥は、すぐに死ぬ場合もあれば、衰弱して他の捕食者に襲われる場合もあった(2)。

現在、野生のハワイガラスは絶滅している。飼育下でもわずか一〇〇羽ほどしかおらず、世界でもっとも絶滅に近いカラスと考えられている（Banko, Ball, and Banko 2002:25）。

ここまで見てきたように、ハワイガラスとその他のカラスには、生息環境や食性などで大きな相違があったが、反対に明らかにそっくりな点もいくつかある。特に重要なのは、どちらも高い知能をもっている点、そして、高度な社会的、感情的生活を営むことができる点だ。周知のとおり、カラス科の鳥は、鳥類、おそらく動物一般に比べてさえも、かなり知能が高い。実際カラスはあまりに賢いので、ネイサン・エメリーは、カラスのことを——私たちが知能について考える際によく見られるヒト中心主義的な言葉で——「羽の生えたサル」と捉えるのが妥当かもしれないと提案し（Emery 2004）、多くの生物学者がそれに賛意を示している（Emery and Clayton 2004; Heinrich and Bugnyar 2007; Marzluff 2005:40; Seed, Emery, and Clayton 2009）。また、ヘンリー・ウォード・ビーチャーが、「もし人間に翼があって、黒い羽に覆われていたとしても、カラスになれるほど賢い者はまずいないだろう」という、近年よく引用されるようになった言葉を述べたとき、念頭にあったのは同様の考えだったに違いない。それ以外にも、日本のハシボソガラス（*C. corone*）は、信号機や走行中の自動車をうまく利用して木の実の固い殻を割ることができるし（Marzluff 2005:240）、ハワイガラスと同じく島の森に暮らすカレドニアガラス（*C. moneduloides*）は、道具を使用する能力をもち、しかも地域によって異なる道具を作ることが知られている（Hunt 1996; Taylor et al. 2007）など、カラス科の鳥が高い知能を示した例は枚挙にいとまがない。

カラスの生活に見られる知的、社会的、感情的な複雑さに関する実験は、長年にわたりさまざまに実施されてきたが、その結果、高度に洗練された能力——人間をはじめとする霊長類やイルカなど、ごく一部の動物種の独壇場と思われてきた能力——が鳥類にもあることが明確に示されてきた。実験からは、カラスが仲間と協力、協働し、諍《いさか》いのあとにパートナーを慰め、自己を認識し、他者の存在によって精神状態を変化させることがわかっている。こうした点から、カラスは、仲間やより広い世界のことを理解し、交流する能力に驚くほど長けていると考えられる（Bugnyar 2011; Bugnyar and Heinrich

2006; Fraser and Bugnyar 2010; Pika and Bugnyar 2011)。これはなにも、カラスの群れやつがいの関係が常に友好的だということを意味しないが、それでもカラスが、認知面や感情面で豊かな生活を送っていることは間違いなさそうだ(少なくとも、人間が測定可能、解釈可能な範囲ではそう言えるだろう[3])。

本章を書くにあたっては、さまざまなカラス(主にカラス属の種)に関する倫理学的文献を数多く参照している。それは、ハワイガラスと他のカラスとのつながりを改めて認識してほしいという狙いがあってのことだ。ハワイガラスをアララと呼ぼうという――おそらく他のカラスとの結びつきを強調したくない意図がある――環境保全活動家の判断を、私は尊重している。しかし本書では、そのハワイでの呼称は使わない。そうすることで、本章を読み終えた読者が、カラス科という非凡な鳥についての理解を多少なりとも深め、(まだそうしていなければ)「カラス」という言葉を、それにふさわしい肯定的な意味で捉えてくれるようになればと願っている。カラスに関する幅広い文献を利用する理由は他にもある。それは、たんに私たちがハワイガラスに関する具体的な知識をあまりもっていないこと、そして、実験の対象とするにはこの種があまりに絶滅に近づきすぎていることだ。ハワイガラスが、同属他種のカラスに見られる認知的、感情的特徴を共有していると信じる理由は十分にある――人間のそばに暮らしているジェネラリストのカラスも、食事や生息環境の幅がより狭い島のカラスの多く(たとえばカレドニアガラス)も、そうした特徴を同様に有していることが示されてきたからだ。また私は、カラス一般に関する文献を参照して、ハワイガラスが身を置く経験世界について可能なかぎり具体的かつ現実的に語ること、そして、この絶滅の時代における死と悲嘆について、カラスと共に考え、悼むことから何が学べるかを検討することも目指している。

死と人間例外主義

カラスそれ自体に目を向ける前に、ここで、哲学、死、人間以外の存在に関する一般的な議論に触れておくのは意味があることだろう。西洋の思想史では多様な切り口で現れるとはいえ、死（および他の多くのトピック）について考えるときに動物が与えられてきた役割とは、ほぼ例外なく、「人間」の死について考えるための引き立て役にすぎなかった。実際、西洋哲学で動物が死と共に言及される場合（少なくともごく最近（たとえばPlumwood 2002）までは）、それは人間の知識や経験に見られる特有の何か、つまり、人間を動物界から切り離す何かを際立たせるためだったように思える。

そうした思想の中心には、人間以外の動物は「死を知らない」という、長きにわたって広く受け入れられてきた前提がある。たとえば、ヴォルテールは「人類だけが自分が死ぬ運命にあることを知っている」と述べ、ショーペンハウアーは、「動物は、人間と違い、言ってみれば死を知らずに生きている」と言った（Enright 1983:iv）。二〇世紀になり、この考えをおそらくもっとも熱烈かつ雄弁に支持したのが、マルティン・ハイデガーの諸作品だろう。ハイデガーもまた、動物は「死ねない」と考えていた。ハイデガーによると、あらゆる生物と同様、動物もまた終わりを迎える、つまり「滅びる」ことは避けられないのだが、人間は、その終わりとの関係において他とは異なっている（Heidegger 1996:246-49）。すなわち、意識的に死へと向かう能力、彼いわく「死ぬ」能力において、独特の存在であるというのだ。(4) こうした人間と動物の区別は、ハイデガーのより包括的な哲学構想のまさに中心に据えられているものである（Calarco 2002; Derrida 1993）。動物は死ねないとする考え方は、いかに動物が人間と異なるかを説明する他のアイデア――動物には言語がない、「手」がない、動物は「世界に乏しい」など――と、彼の作品のなかで複雑に響き合っている。それらのアイデアは、それぞれ互いに情報を提供し、補強し合って、最終的には、人間が完全かつ本質的に他の動物とは異なっているという図式を完成させるのだ（Buchanan 2008:45）。マシュー・カラーコが論じているように、つまるところ、この領域におけるハイデガーの仕事とは、「人間の存在と［他の］動物の存在」の間にある消しようのない深い溝、いうなれば「いかなる方法でも横断不能な隔たりと決裂」を明示しようという試みなのである[5]（Calarco 2008:22）。

フランスの哲学者、フランソワーズ・ダスチュールは、ある意味で、この長く続く伝統的な考え方と決別している。彼女は、個の死だけに着目すること、彼女が「死すべき者の現象学（phenomenology of mortality）」と呼ぶものから離れ、死者との交流やその記憶を中心に据えた、より関係を重視した説明へと移行した（Dastur 1996:42）。これは期待がもてる動きであり、本書の私の考えにも影響を与えている。とはいえ、ダスチュールの取り組みの根底には、伝統的、人間主義的なものが垣間見える――注目する対象を変えたにもかかわらず、彼女の仕事が描き出す死は、いまだ人間と動物とを分ける基盤として現出しているからだ。ダスチュールは次のように述べている。「人間の生が死者と『共に』あることとは、おそらく人間の存在を純粋な動物の生と真に区別するものだ」（Dastur 1996:8）。彼女の思想の中心には、人間の生は政治的、文化的な面において死者を「参照」せざるをえないという考えがあるように思える。その参照は、死者が霊魂として私たちの間で生きつづけ、働きかけつづけるという直接的なものかもしれないし、あるいは、私たちが個人または集団として、死者の意味、価値、記憶、考えを受け継ぐという「単純な」ものかもしれない（言うまでもなく、そうした継承は言語やその他の表現様式を介して行われ、その言語や表現様式もまたそれ自体が継承される）。この文脈では、人間のあらゆる生は生者と死者の間で生起する。人間は、「自分の『同時代人』ばかりでなく、いや、おそらくそれ以上に、すでに亡くなった者たちと共に社会に生きている」のである（Dastur 1996:8）。

この種の哲学思想において、死は人間と動物を分ける境界として機能する。ここで死の知識や死者との関係は、人間性と動物性の間にある本質的な差異と考えられている特徴や属性の一つとして、リストに加えられる。それは「欠けているもの」の長いリストであり、言語をもっているか、鏡に映った自身の姿を認識できるか、合理的か、道徳的に行動できるかなどの数々の特徴が掲載されたものだ（Calarco 2008:75; Haraway 1989）。死とは、こうした考えに沿えば、ドミニク・レステルが「特有性《プロパー》」と呼んだものとなる（Lestel 2011）。言い換えれば、この文脈における死は、あらゆる動物種が他の動物種と異なっているように私たち人間を他種と分け隔てるだけでなく、私たちを動物性の領域の外に置く、人間を人間たらしめる固有の特徴となるのだ。ヴァル・プラムウッドによれば、死に対するこうした考え方は、人間例外主義、すなわち、「人類は、自分たち以外の自然や動物と根本的に異なり、切り離されているという考え」を哲学的に発展させる重要な場の形成につながる（Plumwood 2007）。

しかし、死によって動物界を反論の余地なく明確に切り離せるという考えは、私には到底理解できるものではない。同じことは、リストにある他の「欠如」にも言えるだろう。もし私たちが、人間以外の動物のことや、それに関連する科学文献を真剣に受け取るのなら、動物が死者と関わりをもつ事例はいくらでも見つかり、誰もが先のような考え方に疑問を抱くはずだ。たとえば、キツネは仲間を埋葬することがあるし、ゴリラは深い悲嘆にとらわれた様子をはっきりと示すことがある（Bekoff 2007:63-65）。また、ゾウのコミュニティでは、木の枝葉をかぶせたり、鼻や足でやさしく触れたりなど、死んだ仲間の骨と長いあいだ関わりを保つことが珍しくない（Poole 1996:153-55）。こうした事例についてさらに詳しく調べていくと、死の概念——ある他者がもはやこれまでのようには一緒におらず、この先も再び一緒になることはないという考え——を動物がもっていないと信じることは難しくなる。仲間の死体を土に埋めたり、何かをかぶせたり、何度もその骨のもとに戻ってくるキツネやゾウの行為を、他にどうやって説明できるだろうか？[6]

またそれと同時に、死者の骨に触れるために何度もその場所に戻ってくるゾウの悲嘆のなかに、ダスチュールによる人間の概念（Dastur 1996）に対する、声高ではないが決然とした反論が見つかるのではないかと私は考えている。ゾウはゾウなりのやり方で死者と暮らしていると考えることはできないだろうか？　ゾウのコミュニティや生活が、すでに死んでしまった仲間たちを中心に構成されていたり、ゾウたちがそうした存在を参照して生きていると信じることは本当に不可能なのか？　飼育下のハワイガラスが、自立して生きている仲間の不在によって鳴き方のレパートリーを一部失ったと考えられていること（Lieberman pers. comm.）は、人間以外の動物のコミュニティがこれまでずっと、すでに肉体的には消えてしまった存在を頼りにし、それを参照していたことを示す強力な事例だと言えよう。実のところ、人間以外の動物の多くは、すでに死んでしまったものを、さまざまなやり方で「参照」している。こうした動物は、狩りや縄張りの防衛行動から多様な鳴き方まで、それ以前の世代が作り上げた生の様式を受け継ぎ、それに順応しているのである。[7]ハワイガラスの苦境——そして、世界各地で人間による暴力にさらされつづけ、絶滅の危機に瀕しているゾウの苦境——が示しているように、死者を参照し交流して生きる能力は、おそらく人間特有のものではない。私たちはますます否定しがちだが、それは動物たちの生の様式なのだろう(8)。

本章で私が目指したのは、人間だけが「死を知っている」という考えに対して直接反論を試みることではない。煎じ詰めれば、これは確実には知ることのできない問題なのだ。ジャック・デリダが指摘しているように、実は私たち人間が「死を知っている」かどうかはまったく自明ではないし、さらに言えば、「死を知っている」ということが何を意味するのかすらわかっていない可能性もある(Derrida 1993)。その代わりに私が目指したのは、死についてのさまざまな物語を語ることだ。つまり、死の知識から、死に際して生じる悲嘆の経験、その悲嘆によって生まれるカラスや人間などの可能性へと、焦点を移そうとしたのである。伝統的な死の哲学がしばしば行ってきたように、私たちを周囲の世界からさらに切り離す人間例外主義を再生産するのではなく、死がこの多種からなる世界において私たちを絡まり合わせる、その多様なかたちの一部を検討することが本章の目的である(9)。

カラスと付き合う——悲嘆の進化

本章のエピグラフは、自分のつがいの死に対して悲嘆に満ちたような鳴き声を上げるハワイガラスを描いたものだった。「おそろしく高い声で、慰めようのない嘆きのようだった」と、そのカラスの保全活動に従事する科学者グレン・クリンガーは書いている(Walters 2006:241)。しかしながら、悲嘆するカラスに関する科学的文献は比較的少なく、あったとしてもたんなる事例報告が大半だ。[10] そのなかでおそらくもっとも有名なのは、コンラート・ローレンツが動物行動について一般向けに書いた『ソロモンの指環』に出てくる、死を悼むニシコクマルガラスの物語だろう（Lorenz（1949）2002）。ローレンツはニシコクマルガラスの群れを飼っていたが、捕食者に殺されるか、逃げるかして、一羽を残して皆いなくなっていた。死を悼むカラスとはその最後の一羽のことで、その鳥もまた人知れず姿を消すことになる。ローレンツは次のように書いている。

［彼女の歌声は］胸が張り裂けんばかりに痛々しいものだった。胸に来るのは、歌い方ではなく、歌そのものだ。その歌には、彼女に取りついてしまった感情、いなくなった仲間を連れ戻すという唯一の願いがあふれ出ていた。それを、もっとも慈悲深いピアノから、もっとも自暴自棄のフォルテッシモまで、あらゆるトーンとリズムを使って、「キャウ」「キャウ」「キャウ」という鳴き声で表現していたのである。この深い悲しみを訴えた歌に、「帰ってきて、ああ、帰ってきて！」以外の音はほとんど聞こえてこない（Lorenz（1949）2002:163-64）。

生物学者のジョン・マーズラフも、アメリカガラスが悲嘆のような行動をとったのを見たことがあるとインタビューで語っている。「鳥が悲しんでいるのを見た。あれは本当に悲しんでいたと言っていいと思う。目撃したのは、一羽の鳥が死にそうになっている鳥の上に立っているところで、肉親なのか、つがいなのか、あるいは別の関係なのかはわからないが、ともかくその鳥は、地面に倒れて死

野生下で生き残っていた最後のハワイガラスのうちの一羽。
1998年3月、ハワイ島のマッカンドレス牧場で撮影（© Jack Jeffrey Photography）

んでいくもう一羽の鳥を注意深く、じっと見つめていた」(Marzluff pers. comm.)。

ゾウ、一部の霊長類、カラスといった動物を対象にしたこのような観察によって、ここ数十年で、人間以外の動物も他者の死による悲嘆を経験することが次第に受け入れられるようになってきている[11] (Archer 1999; Bekoff 2007)。理論に若干の相違はあるが、現代の進化心理学者や動物行動学者が悲嘆について語るとき、その話の中核には、多くの場合、悲嘆が緊密な社会関係の進化と密接に絡まり合っているという考えがある。緊密な社会関係とは、パートナー間／集団の生活が個体に与えるさまざまな適応上の利点にとって、望ましい影響を及ぼすものだ (Archer 1999)。こうした説明はコリン・マリー・パークスが最初に提唱して発展してきたものだが、私はこの説明が気に入っている。パークスは、他者への愛情を緊密な関係の維持に不可欠なものとみなし、その延長として、悲嘆を「関与のコスト」、つまり他者と関わりをもつ能力、他者といることに意味をもたせる能力のコストと理解した(12)(Archer 1999:60)。悲嘆がどのようなかたちで現れるかは、個体によって、あるいは種によって明らかに異なる。しかし、ジョン・アーチャーが述べているように、現在では、「社会的な仲間を失った、あるいはそれと別れた社会性動物に、人間に見られる反応と本質的に同様の反応が起きることを示す豊富な証拠がそろっている」(Archer 1999:55)。

カラスは知能と社会性が非常に高い鳥である。悲しむ能力を進化させた動物と言われて、多くの人が最初に思いつく種の一つでもあるだろう。カラスが悲嘆を感じている証拠は、それと関連した感情状態――これもまた緊密な社会関係と結びついている――をカラスが示すことからも得られる。たとえば、動物の「共感」は、悲嘆と同様、社会的環境における選択圧の結果として進化してきたと言われてきた。フランス・ドゥ・ヴァールが端的に述べているように、「共感は、他者の感情状態を即座に、そして無意識のうちに自分のことのように感じることを可能にする。共感は、社会的交流の調整、協調的な活動、共有された目的に向けた協力にとって欠かせないものなのだ」(de Waal 2008:282)。ドゥ・ヴァールによると、共感にかかる選択圧はおそらく子育ての文脈で説明ができ、鳥や哺乳類において、「子供の要求に敏感に反応し、行動を変えるものは、子供に対して無関心なものよりも、繁殖の成功率が高いようだ」という(de Waal 2008:282)。ここで「共感」とは、他者の感情状態を察知したり、共有したりするという単純なものから、より複雑な理解や相手を定めた援助にいたるまで、さまざまな形態をとる。

近年行われたミヤマガラスとワタリガラスの研究からは、これらの鳥が共感能力を著しく発達させていることを強く示唆する行動が明らかになっている（Fraser and Bugnyar 2010; Seed, Clayton, and Emery 2007）。実験では、鳥たちの「闘争後親和行動」のパターンがはっきりと観察された。この行動はつがい間だけに見られ、けんかをしたあとに生じる親密な身体的交流というかたちで現れるものだ。闘争後親和行動は、種によってさまざまな説明が可能だが、オルラ・フレイザーとトーマス・バグニャールは、ワタリガラスの研究をもとに、この行動が、苦しんでいるパートナーを安心させ、支えるという重要な調停的役割を果たしていると主張した（Fraser and Bugnyar 2010）。このように相手を慰撫《いぶ》することには、「認知的に高いレベルの共感」が求められ、近くにいる存在が「犠牲者が苦しんでいることをまず認識し、それから、その苦しみを和らげるために適切に行動する」必要がある（Fraser and Bugnyar 2010:1; de Waal 2008:285-86）。

悲嘆と共感の関連は、決して単純なものではない。しかし、悲嘆に関する文献が十分にない現状では、ここまで見てきたような共感的な反応は、社会的なつながり、とりわけカラスの事例におけるつがいのつながりが切断されたときに悲嘆を生じさせるような、ある種の感情的、社会的な絡まり合い――共有された生活、互いにとって重要な存在――を示唆しているように思われる。

悲嘆や共感といった感情についてこのように考えるにあたって、私たちは、死に対する反応を進化という連綿と続く現象に引き込むことで、人間例外主義の土台を揺るがすような生産的な仕事を行っている。この種の人間例外主義は、ダーウィンの仕事がずっと昔に終わらせてしかるべきものだった。ところが、ヴァル・プラムウッドが指摘しているように、進化論はしばしば、たんに人間が例外である新しい理由をひねり出すようなかたちで解釈されてきたのである（Plumwood 2007）。進化という考えによって、人間と動物の身体的な連続性が容易に受け入れられるようになった一方で、「例外主義的思考を特徴づける根本的な断絶や不連続性は、近代の到来とともに放棄されたわけではなく、ただ別の場所、つまり人間の精神へと位置を変えただけだった」(Plumwood 2007)。身体と精神という二元論的な区別で言えば、ある種の感情は、概念上、身体側に置かれてきたし、西洋世界では、感情を身体の基本的な衝動と考えてきた長い歴史もある(Despret 2004b:37-38)。他方、悲嘆のような「複雑」な感情状態は、「発達した」認知能力と結びつけられるのが普通で、それゆえ、ホモ・サピエンスの占有物とみなされてきた(Bekoff 2006)。こうした状況において、悲嘆の進化に目を向けることは、後者の新しい例外主義をいくらか揺さぶる効果があるだろう。悲嘆のような感情が、哺乳類や鳥類のなかで幾通りものかたちをとるのは確かなことだ。しかし、それにもかかわらず、その感情の重要な部分は、そうした動物すべてに共有されてもいる(このことは、共感などの感情の神経進化に関する研究によってますます明らかにされている(Decety 2011))。言うまでもなく、ダーウィンは『人間と動物における感情の表現』で、人間の悲嘆(および他の感情)の根源を動物界に位置づけたとき、そのことをよく知っていたのである(Darwin (1872)1965; Crist 1999:17-29)。

それに加えて、私たちは、死を悼むカラスに目を向けることによって、ハワイガラスの経験世界(少なくとも現在身を置いている世界)を今までよりほんの少しだけ深く理解できるようになる。そうすることで、ハワイガラスがどのような生き物で、その消失によって何が失われようとしているのかについて、より「厚み」のある感覚がつかめるだろう。死を悼むカラスは、狭義の「生物多様性」などよりずっと力強いかたちで、生の様式や、他者と生き、死ぬ術が、全体として消えつつあることを私たちに思い出させる。[13] 人間以外の動物の言語、社会性、そしておそらく文化さえが消えつつあるのだ。そして、こうした消失には必然的に死を悼むという行為も含まれることになる。結局のところ、現代において他の多くの事柄と並んでその死を悼むべきなのは、「死を悼むこと」それ自体であり、言い換えれば、この惑星で数百万年かけて進化してきた豊かで多様な悲嘆の表現がなくなっていくことなのかもしれない。種が姿を消していくにつれ、あるいはその社会性が暴力や妨害によって脱臼し骨折させられていくにつれ、生において、そして死において共にあるという意義深いあり方が損なわれ、失われているのである（Rose 2008）。

共有された世界の学び直しとしての悼み

カラスは、死と悼みについて、さらに多くのことを教えてくれるかもしれない。その可能性をさぐるには、カラスの「葬儀」について考えてみるのがいいだろう。動物行動学者のマーク・ベコフは、コロラドの山間部を移動していたときに、車にひかれたらしいカササギ（カラス科）のまわりに四羽の仲間が集まっている場面を目撃した。「一羽が死骸に近づいて優しく突き……そして後ずさった。別のカササギも同じことをした。次に別の一羽が飛び去ったと思うと草をくわえて戻ってきて、それを死骸のそばに置いた。違う一羽も同じことをした。四羽は数秒間、あたりを警戒すると、やがて一羽ずつ飛び去っていった」（Bekoff 2007:1）。こうしたやりとりが、その日の鳥たちにとってどのような意味をもっていたのか、同様の行動は他の種ではどれほど見られるのか、それについて確かなことはほとんどわかっていない。しかし、先の目撃談を発表してからというもの、ベコフのもとには他種のカラスでも同様の行動が見られたという報告が大量に寄せられたという（Bekoff pers. comm.）。私の知るかぎり、ハワイガラスが「葬儀」を行ったという事例は報告されていない。この数十年間に多くの仲間を失ったハワイガラスがその死をどう扱ったのかは、おそらく今後も謎に包まれたままだろう。とはいえ、本章のエピグラフが描くホオケナ鳥の経験が、重要な示唆を与えてくれるかもしれない。ジョン・マーズラフもまた、カラスが死の現場に集まる場面にたびたび遭遇している。ただしマーズラフの場合は、見つけてきたアメリカガラスの死体を使って、カラスが集まるように何度か画策さえしている。

カラスの反応は常に——というのも、私は何回か試みたことがあるので——同じだった。飛んでくる、死んだ仲間を見つける、すぐに降下してやかましく鳴きはじめる。カラスはいつも死体の近くに降り立つと、大きな音を立てて、やかましく鳴く。そして、群居性の鳥らしく、互いに羽づくろいなんかをして、最後には飛び立っていく。私としては、カラスの葬儀を目撃したと言っている人たちはみな、これと同じものを見ているのじゃないかと思っている。基本的に、そこで鳥たちがしているのは、非常に危険な状況の学習だろう……ここは危険な場所であるとか、危ない捕食者がいるとか、よく知る必要があって、将来避けなければいけない状況を学んでいるわけだ（Marzluff pers. comm.）。

この説明によると、死は学習へと向かわせる強力な刺激として機能している。また、マーズラフの観察からは、死から学べる教訓をカラスがあっという間に吸収することも読み取れる。[14]実際、アメリカガラスは、仲間が死んだ場所に行くのを二年以上にわたって避けること、ときにそうした場所の上空を飛ばないように飛行経路さえ変える場合があることが知られている（Marzluff pers. comm.）。

このようにカラスが死から危険を学んでいることは紛れもない事実である。しかし、その事実は、カラスが同時に悲嘆も経験している可能性を閉ざすものではない。それどころか、もし死が重要な学習機会を与えているのであれば、恐怖や悲嘆といった強い情動反応によって、その成果は高まることになるはずだ。そういう意味で、死の現場にカラスが集まることには進化的機能があるかもしれない。そして言うまでもなく、その進化的機能の可能性は、個々の鳥がその場に集合する動機と必ずしも重なるものではない。[15]

死はカラスにとっての学習機会だというマーズラフの指摘は、死を悼むことには「たんなる」悲嘆の表現以上のものが含まれていることも同時に浮き彫りにする。さらには、心理学者や哲学者がよく人間の悲嘆と関連づけて主張しているように、個や集団による悼みのプロセスは、喪失の経験から学び、それを「克服する」ことを可能にするという重要な仕事をこなしてもいる（Freud 1917; Riegel 2003）。こうした考えはさまざまなかたちで表現されてきたが、私としては、悲嘆を「世界を学び直す」プロセスとして理解するという、哲学者でカウンセラーのトーマス・アティッグのアプローチに特に魅力を感じている。

> 悲嘆に暮れるとき、私たちは世界について、そのなかに暮らす自分たちについて、新しい理解を手に入れる。喪失を経由して異なった存在となり、世界に対する向き合い方を変えていく。私たちは学び直しながら、感情などの心理的な反応、姿勢を調整する。習慣を変え、動機や行動を変容させていく。……自分の心のなか、生活パターンのなかで当然だと思っていたことのいくらかは、もはや実行も存続もできない。このように、世界を学び直すには私たち自身が変わることが要求される（Attig 1996:107-8）。

まとめると、アティッグの悲嘆理解の一つの核は、変化した現実に順応するための、学習と変容の大なり小なり意識的なプロセスだと言えよう。

ここで悲嘆が向けられているのは、ある特定の共有された世界、あるいは共有された生活である。それは、私たちが知るかぎり一部の哺乳類と鳥類にだけ見られる、他者とのあり方であり、互いの生活にとって感情的に重要な存在を土台とした特有の社会性である。この可能性、この他者とのあり方は、複雑に育まれた生物社会的な成果だ。それを育むためには、進化の歴史と、感情的、認知的能力が一つにまとまり、それによって互いに感情的に絡まり合った具体的な対象が生み出される必要がある[16]。他者が世界から去ることを経験し、それを真の喪失として感じられるのは、この特殊な生物社会的構造のなかだけだ。喪失は、どのような場合でも、変化や死に直面しただけでは経験されない。喪失を経験するには、二つの存在が隣り合って生きるだけでは不十分であり、何らかのかたちで互いにとって重要な存在となったり、両者にとって大切なもので結びついていなければならない。言い換えれば、その二つの存在は、大なり小なり意識的に、意味があるかたちで共有された世界に身を置く必要がある。[17]

したがって悲嘆は、ヴァンシアンヌ・デプレの言い回しを借りれば、「他者に突き動かされることを学ぶ」非常に特殊なプロセスだと言える。そこでは、自己と世界と他者の境界が根深い問題となる（Despret 2004a:131, 209）。とはいえ、このことは、何らかの「デフォルト状態」があることを意味しない。つまり、世界に突き動かされない状態がまずあって、そこにあとから感情の諸側面を付け加えていくというわけではない。デフォルトの位置、原型となる位置というものはない――そうではなく、生物社会的な継承と関係の豊かな歴史の内側で、さまざまなものが一緒に何らかの存在になっていく、というだけのことなのだ。こうした考え方においては、突き動かされないということもまた、突き動かされることと同様、後天的に学ばれるものとなる。そして、その学びは、ある特定の関係、歴史、理解を培うことで実現され、それ以外の関係、歴史、理解では実現されない（Despret 2004a）。人類学者のマテイ・キャンディアがいくぶん異なった文脈で明らかにしているように、互いを「無視する」ことは、周囲の複雑な環境に知的、感情的に順応している社会性動物にとって、「他者と共にある」状態として、単純なものでも、原型となるものでもない（Candea 2010）。それはむしろ、関与や愛着のように、能動的になされるべきものなのだ[18]（Candea 2010; Haraway 2008:24-25）。

悲嘆とは複雑に育まれた生物社会的な成果であるというこの理解を念頭に置いて、私は、ハワイガラスをはじめとする種の死に対する世間一般の関心の欠如という、二一世紀の世界ではありふれた現象について考えてみたいと思う。未曾有の喪失が起きているこの時代に、絶滅を悼む声が世間から（そしておそらく個人からも）ほとんど聞こえてこないことには、どういった意味があるのだろうか？種がこの世界から消え去るとき、その世話をする保全活動家がごく少数いたとしても、それ以外は誰も気づかず、悼みもしないこと――消え去る種それ自体も、かつては仲間の死を悼んでいたかもしれないが、今では自分が最後の個体である――が当たり前のようになってしまったのは、なぜなのだろうか？

こうした問いに対する私なりの答えの核心には、自分たちと消え去った種たちの間にある複合的なつながりや依存関係をつかむこと、意味のあるレベルで理解することが私たちにはできない、という考えがある。つまり、互いにとって重要であるにはどうすべきか、世界を共有するにはどうすべきか、そうしたことを私たちは何一つ理解できないのだ。この無能力は、少なくとも部分的には、本章で検討してきた人間例外主義に端を発している。ヴァル・プラムウッドがその長い研究生活を通じて何度も指摘したように、世界に対するこの種の人間中心的な関与は、人間だけでなく、私たちがこの惑星を共有している他の多くの動物に対しても、深刻な負の影響を及ぼす。プラムウッドは、死後に発表された重要な論文で次のように述べている。

自分たちを自然から過度に切り離し、自然を概念的に単純化してしまうとき、私たちは、人間以外の世界に共感し、倫理的に見つめる能力を失うだけでなく、自分自身の特徴や立ち位置について誤った感覚をもち、行為主体性や自律性について錯覚することになる。よって、人間を中心とする概念的枠組みは、非‐人間にとっては直接的な危険であると同時に、自己、すなわち人間にとっては、とりわけ私たちが限界に突き進む状況において、慎重な考慮を要する間接的な危険となる(Plumwood 2009:117)。

人間を原因として生じている絶滅イベントは、明らかにプラムウッドが述べた状況の一つであり、そこで私たちは、これまでにないほど危険な状態のまま、さまざまな生態系の回復力の限界に突き進んでいる。

プラムウッドの説明によると、人間例外主義は二重の意味で問題視されているという(Plumwood 2007, 2009)。まず第一に、人間例外主義は、人間以外の他者の重要性を消し去ること、そうした存在が死や(人間の手による)絶滅に対して感じる苦しみや悼みに私たちが共感できないことに関わっている。この傾向は、世界の多くの場所で支配的な文化的ナラティブにおいて、特によく見られるものだ。私たちが個人として、そして社会として、生きる縁《よすが》としている物語(Griffiths 2007)は、他者から突き動かされるという私たちの能力を強力に形づくっている(Despret 2004a:140)。そして、そうした物語が受け入れられ、生きられていくなかで、私たちは、さまざまなかたちで、互いにとって重要な存在として「再統合」されていく。一方、人間例外主義という感情面での分離は、「人間以上の世界」を寄せつけなくする——人間例外主義は、人間以外の他者に突き動かされないことを学ぶ能動的なプロセスにおいて中心的な役割を果たしているからだ。

プラムウッドは同時に、人間例外主義が、危険な幻想、すなわち人間以外の他者の喪失が人間の生活や可能性に関与することは決してないという理解にどうやって根拠を与えるかについても注意を払っている。非人間の喪失が人間の世界に関与しないとする概念空間では、意味のあるかたちで共有された世界は決して生まれず、それゆえ、地球の多様性の喪失が私たちの持続可能で意味のある生活の見通しに与える潜在的影響も十全には理解されない。その結果私たちは、死と悲嘆がしばしば暗示する、変化の本当の必要性――世界とそのなかでの自分たちの位置を学び直す必要性――を見逃してきてしまったようだ。マーズラフのカラスが気づかせてくれたように、こうした状況にいたっても注意を払わず、行動も変えないとすれば、私たちは非常に危険な立場に追い込まれることだろう。しかし、たった一羽のカラスの死が、ここは危険だ――その場所を数年にわたって避け、飛行経路も毎日の採餌ルートも変えるに足る重大な危険がある――というメッセージを発信するものならば、カラスの一つの種の死やそれ以外の動物種の死は、注意深い観察者にいったい何を伝えることになるのだろうか？　種の絶滅が、壊れやすく、変化しやすいこの世界での新しい「空の飛び方／飛行経路」や生き方をさがす必要性を訴えかけないなどということがあるだろうか？

絶滅の時代における「物語られる死の悼み」

死を悼むカラスを取り上げた本章で私が目指したのは、この章そのものが悼みのナラティブとして機能することだった。ポール・リクールが言うように「ナラティブという作業は、悼みの作業に欠かせない要素となる」のである（Ricoeur 2007:8）。ここに含まれている意味は、物語が私たちの背中を押し、取り返しのつかない喪失に耐え、ときにそれを受け入れさせもするということだけではない。物語はまた、喪失をより多くの人々に知らせ、それがなぜ問題なのかをさまざまな視点で伝える手助けをする。ときには、遠く離れた聞き手に喪失とのつながりを感じさせ、感情的な関わりを生み出すことさえある。このプロセスの鍵となるのが、物語によって可能になる死者の「肉付け」であり、誰が死に、それがなぜ問題となるのかを十全に捉え、伝える機会である。このことをジュディス・バトラーは、「生命の残滓を一つにまとめること、喪失を公に示し、素直に認めること」と書いた（Butler 2009:39）。絶滅の縁から戻ってくる種はたしかに存在するかもしれないが、多くは戻ってきていないし、今後数年でそれができるようになるとも思えない。そう考えれば、死を悼むとは、死んでしまったものたちに敬意と忠誠を捧げるという「単純な」行為なのである。

物語が広がっていけば、死者に新たな生命が吹き込まれる。そうして死者は活動を続け、私たちの生活と未来の可能性に「取り憑く」ことが可能になる。この意味において、語られた悼みは、喪失から回復して前に進むこと――死者に安らかに眠ってもらうこと――を求めず、ジャック・デリダが提起しているように、継続的な回想という意図的な行為としての悼みの可能性をもたらす。そしてこの行為は、「幽霊と共に生きる」とはいかなることかを私たちに問いただすものだ（Derrida 1994:xviii; Brault and Naas 2001; Ricciardi 2003）。タミー・クレウェルが述べているように、ここで問題になるのは、「慰撫を目的としない持続的な悲嘆の形態であり、その形態は新しい［生物］社会的な構造を奨励し、それによって、トラウマ的な影響と有害な歴史［と現在］の再現から致命的な結果が除去されるようにする」のである（Clewell 2009:18-19）。このような死の悼み方は、私たちに、個人として、そして社会として死者を直視することを求め、また、苦しみ、喪失、絶滅が増える一方の世界で人間が果たすべき役割について考えることを要求する。

死者を安らかに眠らせないことには、死者に対する一種の敬意と謝意が存在している一方で、そこにはまた、死者を「使役している」という重要な意味も含まれている。これはデリダが、悼みの非倫理的（だが、ある程度は避けられない）側面として繰り返し警告した、死者の「利用」にあたるものだ（Derrida 2001）。とはいえ、デリダ自身も認めているように、「我々はかつてないほどよく知っている、死者は働けるはずだということを。また、死者が働くように仕向けられるはずだということも、おそらくこれまで以上に知っている」（Derrida 1994:120）。ここで言う仕事とは、何よりもまず、「わからせる」ことだ。つまり、それらの個体や種の死が重要であること、私たちの知っている世界が変わりつつあること、多様性のなかで生活を送りたいのなら新しいアプローチが必要なことをわからせる」ことだ。こう考えてみれば、絶滅を悼むことを学ぶということは、私たち人間や他の種たちが長い年月にわたり生き残るために不可欠なことでもあるのかもしれない。

ハワイガラスがこれからハワイの森に戻ることができるのか、今はまだわからない。私が話をした保全活動家たちは、その希望をもちつづける一方で、そのために解決すべき多くの困難、とりわけ森の回復や、病気や捕食から鳥を守る方法については、決して楽観視していなかった。この物語の結末が、考えうるかぎりもっとも幸福なものになることを私は心から望んでいる。しかし、だからといって、数え切れない数の鳥が死に、悲嘆に暮れている事実や、種の未来のために何世代にもわたって飼育下の生活を余儀なくされているという事実が消えてなくなるわけではないだろう。私はまた同時に、すでに姿を消してしまった太平洋地域の何百種もの鳥のことを考えずにはいられない。それらの鳥たちの絶滅は、人間がわずか数世代の間に生物の多様性に与えた地球規模の影響のごく一部にすぎないのである[19]。

私たちがカラスのためだけではなく、カラスと共に死を悼むよう誘《いざな》われているのは、こうした文脈でのこと、感情をもつ身体の共進化の歴史の内側においてのことだ。ハワイガラスが教えてくれるのは、この時代になんとか悲嘆の場へとたどり着いたとしても、私たち人間は死を悼む多くの種のうちの一つにすぎず、また、哀しみと悲嘆のレンズを通じてこの驚くべき喪失の時代を経験している多くの生のかたちの一つでしかない、ということである。そう考えれば、カラスと共に悼むことは、ただ一つの種に関わること、あるいはどれほどの数であっても、ともかくたんに種に関わることだけにとどまらない。それはむしろ、共有された世界における私たちの位置、言い換えれば、私たちの生を可能にする進化の連続性や生態学的な接続性を学び直すためのプロセスなのだ。したがって、死を悼むことを学ぶことは、私たちが生きているこの惑星について、それが何を意味し、なぜ重要なのかについて、より十全に理解する方法をもたらしてくれる可能性がある。異なる文脈ではあるが、このことについてトーマス・アティッグは「悲嘆を積極的に選択することで、私たちは生を選択する」と端的に述べた（Attig 1996:61）。この言葉がこれほど真実を言い表したのは今日をおいて他にはないはずである。

エピローグ　物語の必要性

二〇一三年一月、本書の執筆も終わりが見えてきた頃、私はハワイガラスの調査を続けるために再びハワイに向かった。現在、ハワイガラスは飼育下の個体しかいないが、二〇一四年には、その一部を野生環境に放鳥できるよう計画が進められている。放鳥が実現し、その個体群が自立した生活を維持できれば、それはすばらしい成果と言える。一〇年以上にわたりカラスの騒々しい鳴き声を聞かず、枝から枝へと跳ねるように飛んでいく優雅な動きも見ていなかった森は、このとても愛らしく魅力的な鳥によって、再び活気づくことだろう。森への帰還は、カラス自身にとっても、また（私のような）観察者にとっても嬉しい出来事だが、それ以外にも利益を受けるものがいる。ハワイガラスは、島でもっとも大型の果食性の鳥である。したがって、その不在は、種子の散布を鳥に頼っていた多くの樹木に影響を与えてきた（Culliney 2011）。これはなにもハワイに限った話ではない。それまで身近にいた動物が突如消え去ると、多くの場合、その動物と共進化してきた植物にも影響が及ぶものなのだ。花粉媒介者《ポリネーター》や種子散布者《ディセミネーター》がいなくなったために、絶滅してしまったケースさえある（Barlow 2000; Janzen and Martin 1982）。たとえば、一時絶滅の危機に陥ったタンバラコックという木は、ずっと前にいなくなったドードーに種子散布を依存していたのではないかと考えられている（Livezey 1993:272; Temple 1977）。

しかしながらハワイ島では、絶滅の危機に瀕している植物を守ろうという擁護者たち――カラスが森に帰ることで目的を達成できる可能性がある人たち――の主張ばかりでなく、放鳥計画に対する批判の声も数多く聞かれる。なかでも特に目立っているのは、野ブタのハンターたちの声だ。州が管理する森林内にあるカラスの放鳥予定地から、ブタが排除され、殺されることで、狩猟に利用できる個体数が制限されるのではないかと懸念しているのである。ハワイにおける人間とブタの関係は複雑だ。その共存と環境変化の歴史は、人間がポリネシアから小型のブタを連れてきたときから始まり、それ以来ブタは、森の変容と鳥類の大量喪失において中心的な役割を果たしてきた（Leonard 2008）。今日でも、環境保全とブタの狩猟の間の緊張は続いており、ときに激しく対立することもある（Culliney 2011; Juvik and Juvik 1984）。

ハワイガラスの保全と絶滅の可能性を考えるとき、いま見たような絡まり合いはどれも重要である。種子散布をカラスに頼っている樹木は生き残り、再び繁栄するのだろうか？　あるいは、他の多くの「時代遅れ」の植物と同じ道をたどるのか？　来るべき未来において、どのようなかたちであれば人間とブタは共存できるのか？　ハワイガラスをはじめとする多くの絶滅危惧種は、島の森に居場所を見つけることができるのか？　そのときに代わりに犠牲になるのは誰か？　こうした複雑な関係は、ハワイの森の遠い過去にさかのぼると同時に、多くの可能な未来へとさざ波のように広がっていき、絶滅の縁にある生命を特徴づける。ハワイガラスだけではなく、多くの種にとっても重要な関係である。

本書はここまで、絶滅とは何か、それがなぜ、いかに問題なのかという問いに関して、広範で詳細な考えを展開しながら、先に見たような絡まり合いのいくつかを取り上げて、それについて考察してきた。この試みはそれゆえ、現代という未曾有の喪失の時代に、短絡的な人間例外主義に抗って、私たち全員をさまざまな程度と方法で巻き込んだ物語を語るプロジェクトになるほかなかった。

本書では、雑多な鳥の集団が私たちの導き手だった。それぞれの鳥が、それぞれの方法で私たちに求めたのは、この絶滅の時代に、肉体と死すべき運命をもち、他者と結びついた生物であるとは、いったいどういう意味をもつのかを改めて考えてみることだった。要するに私たちは、そこで問題にされているのは生き方であり、他者とのあり方であり、死の悼み方、場所との関わり方、子供の育て方、この世界での居場所の作り方であることを見てきたのだ。こうしたことはすべて、固有の種がこの世界からこぼれ落ち、何百万年にもわたって各世代が培ってきた進化の成果が消えるときに失われてしまう。自然科学とは、そこで失われるかもしれない生き方に対して、それらはどんな鳥で、いかなる経験世界に身を置いていて、どう進化し、どのように生態系に他者と共に編み込まれたのかなど、何らかの説明を与えるものである。

しかし、こうした問題を考えるには自然科学だけでは不十分で、人文学の力が必要になる。それが「環境人文学」という領域、すなわち、人間／人間以外、文化／自然という短絡的な区別に頼らずに（あるいはそれに妨害されずに）、多種《マルチスピーシーズ》からなる複雑な世界に宿る思考の領域である。世界は、そうした短絡的な区別よりもずっと乱雑で、興味深いものだ。そして、そうであるがゆえに、絶滅の絡まり合った重要性、その無数の意味、それを重要なものにするさまざまな状況を十分に描きあげようと思えば、民族誌と哲学のツールが必要になる。絶滅危惧種そのものだけでなく、他のさまざまな生物の生活の可能性が絶滅という出来事に巻き込まれていくのを、私たちは何度も目撃した。健康的な生活環境、花粉媒介者、生活手段、宗教的な行為が失われるのを見てきたのである。

　進化、生態、感情、その他さまざまな領域にわたる生の様式の絡まり合いを真剣に受け取るとき、私たちは、起きてしまったこと、まだできるかもしれないことに対する複雑な責任に否が応でも引きずり込まれる。もし現代という未曾有の喪失の時代が、共有された世界における人間の立ち位置、その世界に対する人間の責任について、何の意識も呼び起こさないのであれば、これ以降私たちにできることがあるのか、私には甚だ疑問である。自分たち以外の生のかたち——そこには、この惑星を共有し、それぞれが豊かに物語られる世界に身を置く固有の方法をもつ、無数の「動物主体」（Noske 1989）も含まれる——を虚心に理解すべき時期は、とうに過ぎているのである。

　本書は、そのような豊かな物語を語ろうとする試みである。「はじめに」で述べたとおり、人間が関わってきた絶滅の物語には長い歴史がある。ところが、そうした事実にもかかわらず、私たちはまだ、絶滅とは何か、それにどのような意味があるのかについて考え抜くための納得のいく方法を見いだしてはいない。本書ではまた、一つだけの絶滅現象というものがあるわけではないことも見てきた。絶滅では、各ケースで異なる生の様式、異なる関係と絡まり合った意味が失われている。それゆえ、絶滅の物語がいかに語られるか、あるいは語られるべきかについては、常に再考が求められることになるだろう。生の様式を突然断ち切るとはどういうことなのか？　その喪失が多種《マルチスピーシーズ》コミュニティでもつ意味は何か？　「私たち」は今、ここで、どのように責任を問われ、それをどのように受け止めるのだろうか？　こうしたことを私たちはこれからも繰り返し問いつづけなくてはならない。

原注

はじめに

（1）　ドードーがどれほど大きかったのか（あるいはどれだけ「太って」いたのか）については、いまだに議論が続いている（Angst, Buffetaut, and Abourachid 2011a, 2011b）。

（2）　ジュリアン・ヒュームは、ドードーの肉がまずいという認識は、より豊富で身近にいた「ハトやオウムみたいなおいしい獲物」に比べれば、ドードーにはあまり人気がなかったという報告を誤解した結果ではないかと述べている（Hume 2006:82）。

（3）　ある結果が何によって「引き起こされた」のかは、実は難しい問題だ。ドードーを大量に消費したのが人間であるように、ブタ、ネズミ、サルなどの動物をモーリシャス島に持ち込んだのもまた人間であることは言うまでもない。しかし、その持ち込まれた動物は自身の行為主体性を有しており、（たとえその指摘が正しくとも）人間に責任を負わせるためにその主体性を否定することは許されない。また、過去の世代の過失を、現代の私たちがどれほど受け継いでいるのかという問題もあるだろう（このテーマについては、文脈は異なっているが、Bastian（2012b）とClark（2007）を参照）。要するに、他種の絶滅に「私たち」がどのように関わっているかを評価する方法はひとつではない。本書は、そのうちのいくつかについて考察を試みている。

（4）　第3章で概説するように、「生息地の喪失」という概念、あるいはより一般的に、「生息地」に居住する存在として動物を考えることには、根深い問題があるように思う。私が本書で「生息地」という用語を使っているのは、それが関連文献でもっとも一般的に使われている表現だからである。

（5）　進化では、絶えず新しい種が生まれ、消えていく。「背景絶滅」とは、そうした進化過程の一部とみなされる「通常」レベルの絶滅のことを指している（これについては第1章で詳述する）。こうした前提に立てば、現在の人為的な絶滅を「背景絶滅」とは違ったものと捉えることは、それが「通常の進化過程」から外れていると言うのと同義だと考えられるかもしれない。しかし、たとえば小惑星の衝突による大量絶滅ならば、そのように考えるのは妥当と言えても、人間という（無数の他者と共進化してきた）ひとつの種の行為を、進化過程の一部ではないと見ることには、明らかに概念上の問題があるだろう。生物の多様性に与える影響の大きさという点では、現代の私たちホモ・サピエンスが、他のどんな種よりも小惑星に近いのは間違いない。だが、大量絶滅の定義に、「その原因が通常の進化過程の外部にあること」という前提があるわけではない。むしろその定義は、絶滅のパターンが、①地質学的に見れば短い期間に、②分類学的に見て幅広い種に影響を与えながら、③化石記録が示す一般的な状態よりもはるかに高い割合で、生じていることを前提としている（Raup and Sepkoski 1982）。

（6）絶滅の危機にある動物とそのカリスマ性については、Lorimer（2007）を参照。未知の種の絶滅については、Smith（2011）を参照。

（7）この「いきいきと」物語を語るアプローチは、デボラ・バード・ローズとマシュー・チルルーとの現在も続く共同研究から生まれたものである。過去四年間、私たち三人は、絶滅について、その物語をどうやって語るべきかについて、話し、考え、執筆してきた。そして今、このテーマに焦点を絞った論文の執筆に着手したところだ。この議論はまた、Extinction Studies Working Group（www.extinctionstudies.org）との共同研究の一環でもある。

（8）リョコウバトの絶滅に関する議論については、Albus（2011）とAllen（2009）を参照。

第1章　アホウドリの巣立ち

（1）ここで「外洋性の海鳥」とは、外洋域（遠洋域）、つまり陸地から遠く離れた海域を主な生活の場とする鳥のことである。

（2）このような効率的な飛行を実現するために、アホウドリは、海面に向けて徐々に下降していく滑空と、翼を大きく広げて風を受け止め瞬間的に舞い上がる唐突な上昇飛行とを交互に繰り返している。翼を広げたままでいるのには多大なエネルギーが必要に思えるが、アホウドリは肩に備わった腱で翼を固定できるため、筋力はほとんど必要とされない（Lindsey 2008:66; Safina 2007; Shaffer 2008:152）。

（3）すべてのアホウドリが毎年繁殖活動を行うわけではない（一年おきに繁殖を行う種もある）。繁殖のために同じ場所に帰ってくること（営巣地固執性、フィロパトリー）の力学については、シドニー湾の消えゆく海岸線に戻ってくるコガタペンギンを取り上げた第3章で詳述する。

（4）「長い交際期間」という表現は、Olsen and Joseph（2011）から借用したもの（Lindsey 2008:83-84 も参照）。アホウドリの求愛行動でもっとも有名なのは、カップルが行う念入りなダンスだろう。二羽の鳥が互いの動きに呼応して、身体を動かし鳴き声を上げることで、ランスロット・E・リッチデイルが「恍惚の儀式」と呼んだものが生み出される（Rice and Kenyon 1962:530より引用）。この求愛ダンスの様子——翼を広げたり、互いに何度もお辞儀をしたかと思うと、長い首を空に向けて「スカイコール」を発する——は、とても言葉で表現できるものではない。しかも、この求愛行為は一度きりでは終わらない。いったん関係を結んだつがいは、その年以降、繁殖のために島に戻ってから営巣が終わるまでの時期に、同じ相手に歌とダンスを再び披露するのだ。アホウドリは大多数が一雌一雄制なので、普通、どちらか一方が死ぬかいなくなるまで、つがいの関係は続き、「離婚」は非常にまれである（ここで言う「離婚」とは、どちらも生存していることがわかっているが、もうつがいとして繁殖活動は行わない状態を指す（Rice and Kenyon 1962:524））。関係が解消された場合、新しいパートナーとつがいの関係を築くには普通一年以上の月日が必要とされる。

（5）実際には、何が種の「始まり」で何が「終わり」なのかを判断するのは、そうたやすいことではない。この問題を考えるにあたっては、「種分化」と「系統進化」を区別することが重要になる。前者は、あるグループが既存の種から分かれ出ることで、その新しい（生殖に関して独立した）グループは、既存の種とは異なる選択圧に対応しながら別の進化の道を歩み、その結果、最終的に新しい種が誕生することになる。一方、後者は、既存の種内での（分化を伴わない）継続的な変化のことで、これもまた、十分な時間が経過すると既存のものとは異なる種が誕生する（Mayr 2001:177）。

　また、種に関するダーウィンの理解と、ダーウィン以前の理解の区別をあまり誇張すべきではないことにも注意が必要だ。生物学の歴史と哲学に関する文献が増えてくるにつれ次第に明らかになってきたのは、ダーウィン以前には、何が「生物学的種」を構成するかについては実にさまざまな考え方があり、統一された見解からはほど遠い状態だったということである（Amundson 2005; Wilkins 2009）。ロン・アムンドソンが明らかにしているように、ダーウィンが登場するおよそ一〇〇年前までは、西洋の哲学と科学は、「種」をどちらかというと流動的なものとみなす傾向にあった（Amundson 2005:36）。特に「生物変移説」は人気があり、それによって、植物あるいは動物の種は容易に他の種に変化しうるという信念が広まることになった。「生物変移」は、一世代で起こる場合（気候への微細な適応や変態を通じて）もあれば、世代をまたいで起こる場合（交雑を通じて）もある。フジツボがガンに、トウモロコシがコムギに、ラクダとヒョウの子供がキリンになると考えられたのは、こうした背景によるものだ。

当然のことながら、この「生物変移説」的な理解は、生物の体系的な分類法を確立しようという努力に大きな混乱をもたらした。しかしやがて、カール・リンネ（１７０７－１７７８）やその教え子たちなどの研究によって、こうした劇的な変化は起こらず、種は実際には固定的な存在だと主張する実証的な証拠が次第に現れるようになった（Amundson 2005:34-41）。ジョン・ウィルキンスは、アムンドソンと同様、種の「固定説」は自然主義の歴史のなかでもっとあとになって登場したと論じているが、その説が生まれたのは、リンネではなく、ジョン・レイ（１６２７－１７０５）の「貢献」によると考えている（Wilkins 2009:95）。

「固定説」がどのように生まれたにせよ、種が安定した存在であるという理解は、当時の分類学的な取り組み、とりわけ、現在はリンネの仕事と結びつけられている自然体系に、重要な基礎知識を与えることになった。このような背景から、それまでの生物変移説的な理解に対して科学的に優位に立った固定説だったが、その後進化論が登場し、受け入れられるようになると、あえなく姿を消してしまうことになる。

ダーウィンをはじめとした研究者たちの仕事によって、種とは今も続いている進化のプロセスに深く関与するものだという考え方が、一九世紀中頃から徐々に受け入れられるようになっていった（ただし、進化的変化が起こる速度やメカニズムについては議論が続き、その一部は現在でもまだ継続している）。その結果、多様な生物を整理しようとする分類学的な取り組みは、形態学的特徴（タイプ）の非歴史的な比較から、進化の歴史や系統発生的関連性の表現へと、次第に重心を移していくことになった。この転換の核となったのが、ダーウィンの「共通祖先」という概念だ。それ以前の進化論支持者は、種にはそれぞれ固有の創造イベントがあり、そこから時間をかけて進化してきたと仮定する傾向があり、それゆえ基本的には、単一の系統系列を想定していた。だがダーウィンは違った。「ダーウィンの主要な貢献のひとつは、『枝分かれの進化』に関する一貫した理論を初めて提起したことだった」(Mayr 2001:19)。こうして自然体系は、一種の家系図、生命の樹となったのである（Amundson 2005:133）。

（6）　こうした種の特性は、複雑な発生システム――ここには遺伝的なものも、それ以外の範疇に入るものも含まれる――のかたちで受け継がれる（Jablonka and Lamb 2005; Oyama 2000）。過去からの継承に関しては第3章でもう少し詳しく論じているので、そちらを参照されたい。言うまでもなく、それぞれの種内には幅広い個体差が見られ、ダーウィンが指摘しているように、この個体差が生命の動的な性質や進化にとって非常に重要である（Mayr 1996）。

（7）ミッドウェーでは、人間の破壊的な影響が何年にもわたってさまざまに現れてきた。たとえば、一九世紀後半には、羽毛を目的とした日本の猟師によって、数十万羽のアホウドリが殺された。猟師たちは、アホウドリの胸や翼から羽をむしりとると、残りは腐るがままに放置したという。こうして集めたアホウドリの羽毛は、寝具の詰め物として、あるいは服飾業界の高まる需要（特に帽子の飾り）を満たすために世界中に輸出された（De Roy 2008:111-12）。二〇世紀初頭からは、ミッドウェー島は多様な目的に使える便利な中継地点となった――最初はアジアとアメリカをつなぐ電信の中継基地、次に太平洋横断飛行の給油地、そして最後は一九四〇～九〇年代にかけてアメリカ海軍の主要基地として使われたのである。この時期、海軍は営巣地に建物、飛行機の格納庫、滑走路を作るなどして、ミッドウェー島を完全に改造してしまった。それによってアホウドリは、電線やアンテナに引っかかったり、飛行機に衝突するなどして意図せず殺されたり、または、そうした事故を減らす目的で意図的に殺された。その数は実に数万羽にのぼるという（De Roy 2008:113; Lindsey 2008:104-5）。一九九〇年代以降、ミッドウェー島は、アメリカ魚類野生生物局が管理する国立野生生物保護区に指定され、先述のような脅威はほぼなくなっている（Lindsey 2008:105）。

（8）ただし、種をひとつしかもたない単型の科は除く。アホウドリの死亡率を下げるために、世界中で多くの漁業関係者、政府、非政府組織が、過去数十年にわたって、さまざまな技術を開発、採用したり、漁のやり方を変えるなどしてきた。こうした活動は大きな効果を上げてきたが、それでも死亡率は依然として非常に高く、北太平洋および世界各地のアホウドリの存続にとって、偶発的な捕獲はいまだ重大な脅威でありつづけている（Arata, Sievert, and Naughton 2009:23; Molloy, Bennett, and Schroder 2008; Sullivan 2008）。なお、遠洋でのイカやサケの流し網漁は、数十年にわたり北太平洋におけるアホウドリの死亡率上昇の主な原因だったが、これは一九九二年の国連の決議によって停止されることになった（Naughton, Romano, and Zimmerman 2007:10）。一方で、この海域での延縄漁は現在も普通に見られる。

（9）言うまでもなく、危険にさらされているのはアホウドリだけではない。多くの鳥類、哺乳類、そして私たちも、食物連鎖の上位にいるからだ。一例を挙げれば、北太平洋のスジイルカの体内からは、周囲の海水に含まれているレベルの一三〇〇万倍のPCB、三七〇〇万倍のDDTが見つかっている（Thornton 2000:25）。私たちは自分たちの海を毒で汚している。

汚染の範囲は極地から赤道、細菌からクジラに及び、しかもそれは、破壊的な結末をもたらすにもかかわらず、誰にも気づかれないかたちで進行しているのだ。

(10) ミッドウェーのアホウドリに関して言えば、この有毒物質の重荷は、主にクロアシアホウドリが負っている。これは、コアホウドリとクロアシアホウドリでは、繁殖期に利用する採餌場が異なり、さらされる汚染レベルに違いが生じるからだと考えられている (Finkelstein et al. 2006)。クロアシアホウドリのPCBとDDTのレベルは、平均でコアホウドリの二～五倍だが (Finkelstein et al. 2006)、どちらの種も、南極海の他のアホウドリと比べると汚染レベルは一～二桁高くなる (Guruge, Tanaka, and Tanabe 2001)。

(11) カウアイ島はハワイ諸島の北西端に位置している。一五〇〇～二〇〇〇年前にポリネシア人がやってくるまでは、この島には大量のアホウドリが営巣していたことだろう。カウアイ島のアホウドリは、近隣の島と同様、一時期ほぼ完全に姿を消していたが、近年ごく少数の鳥が戻ってきて、小さなコロニーを形成するようになった (そうしたコロニーは、ペットのイヌなどの捕食者から身を守るために、通常はフェンスなどで保護されている)。現在、カウアイ島には約二〇〇組のつがいが営巣し、地元住民の献身的な活動により、その数は増えつづけている。「カウアイ・アルバトロス・ネットワーク」(www.albatrosskauai.org) の活動を参照。

(12) 「野生動物」という複雑な概念については、第4章を参照。

(13) 環境変化に対する島の「感受性」と、それを「知性」(あるいはその欠如) という単純かつ階層的な概念の外側で考えることの必要性については、第3章で詳しく論じている。

(14) この「アホウドリ体験」は、私がホブ・オスターランドとデボラ・バード・ローズと一緒にいたときに経験したものだ。オスターランドは、「カウアイ・アルバトロス・ネットワーク」の運営者である。三人でアホウドリのもとを訪れたとき、その鳥が人間に示す奇妙な「信頼」のことを彼女が口にしたことで、私のなかにいくつかの考えの萌芽が生まれ、それがこの章で重要な役割を果たすことになった。アホウドリや死などのさまざまなトピックに対して、時間を割いて洞察を与えてくれたオスターランドに感謝する。また、この状況を「地質学的瞬間」に身を置いていると見事に言い表してくれたミシェル・バスティアンにも感謝する (Bastian pers. comm.)。

(15) 時間の枠組みを数百万年に固定して、意味と価値を見いだすことは可能かもしれないが、この章ではそのアプローチをとらない (Rolston 1998)。ジョージ・

レヴィンもまた、進化論を「常にすっきりした話」として理解することから脱却する必要性について、説得力のある議論を展開している（Levine 2006）。

（16）もちろん、進化が起こる時間の枠組みは、対象となる生物やその他もろもろの要因によって、非常に幅がある。その意味において、進化の時間の枠組みの長さや速さは常に相対的なものだと言える（Hird 2009; Oyama 2000:4）。

（17）ジェイムズ・ハトリーの主張は、二〇一二年二月一三日〜一七日にオーストラリアで開催されたExtinction Studies Working Groupで述べられたもの。詳細については以下のサイトを参照のこと。http://extinctionstudies.org/

（18）例を挙げれば、オアフ島に営巣するコアホウドリのペアのおよそ三九％は、メス同士のペアである。しかも、その結びつきは長期にわたることが多い（Young, Zaun, and VanderWerf 2008）。

（19）映画「皇帝ペンギン」（二〇〇五年）をめぐる近年の論争がよく示しているとおり、鳥の生活を人間の枠組み（異性愛を規範とすることが多い）に不誠実にもはめ込むように、鳥類（および人間以外の動物）の繁殖を描いているものには常に警戒すべきだろう。こうした憂慮は、これまで見てきたように、（想定される）鳥のふるまいから、人間の個人およびコミュニティの「正しい」あるいは「自然な」生き方についての教訓を引き出すために、「動物を基準にした」推論が行われるときに、特に生じるものである（Wexler 2008）。実際、この章で論じたアホウドリによる繁殖のための営みも、「核家族」という単位から、親の犠牲、労働、養育にいたるまで、（一部の）人間の繁殖プロセスと表面的に類似しているため、ある程度は容易に「認識し」、「関連づける」ことができる。ここではアホウドリを通じてそのことに関する考えを深めたが、他の種を通じても同様のケースを——大量の具体例を提示した別の方法で——示すことができるのではないかと思っている。

（20）このように考えるとき、種は開かれた「コミュニティ」であると同時に、閉じた「コミュニティ」にもなる。生殖という面では、種は普通、他種に対して閉じられている——生態学的、形態学的、行動学的、遺伝学的な面など、さまざまな側面における「隔離機構」によって、異種間の交配が阻まれているからだ（Mayr 2001:169-70）。この「閉鎖性」は、あるレベルにおいては、適応を可能にするものでもある。つまり、種（またはその地域個体群）は閉鎖性によって孤立した集団を生み出し、そのなかで、ある形質が残ったり断絶したりした結果、集団が繁栄あるいは消滅することになるのだ。この考えに従えば、種は、孤立のなかで生まれ、絶えず形を変えていくと言えるだろう。しかし、長大な時間にわたる種の相対的な孤立は、長期の「開放性」という重要な形態とも結びついており、種はその開放性のなかで、相互作用、養育、共進化などの多様な関係に絡まり合うことになる。要するに、孤立には他種とのつながりも入り混じっているが、それでも孤立という形態が依然として重要なのだ。このとき、継続中の種は、ケアリー・ウルフが論じる他の「生物学的システム」と同様、「オートポイエーシス的な閉鎖性」を通じて継続することが可能になり、「その閉鎖性に基づいて――そして、それに基づくときのみ――さまざまな形態の『構造的結合』に携わることができる」ようになる（Wolfe 2009:xxii）。言い換えれば、種は、部分的でありながらも根本的である孤立という形態の内部で形づくられる。そして、その孤立は、より広範で多様な生命コミュニティの一部として、実りのある生を継続する可能性を作り上げるのだ。

（21）誰もが「倫理的に無関係」として簡単に片づけることができない場にどうやって身を置くかは難しい問題で、個々のケースの特殊性に目を向けた、状況に応じた倫理が必要になる。この章では、これ以降、その問題意識に沿った考えをいくつか紹介している。

（22）多種コミュニティにおけるケアの複雑なあり方については、第4章を参照。

（23）悲嘆と共感にまつわる感情的関与の進化については、第5章を参照。

（24）デボラ・バード・ローズの見解は、オーストラリア、ノーザンテリトリーのヴィクトリア川流域に暮らすアボリジニの人々との対話でのもの。

（25）「新生代の成果」という表現はジェイムズ・ハトリーから借用した（Hatley 2012）。このアプローチは、ヴァル・プラムウッドもそうすべきだと主張しているように、「浅い」環境倫理と「深い」環境倫理という短絡的な区別を拒絶するものだ。その目的は、人間の幸福（「私たち」）か非人間の幸福（「彼ら」）のどちらかを選択することではなく、人間を含む多種が入り混じった生態学的コミュニティを育成し、尊重することである（Plumwood 2009:116）。

第2章　旋回するハゲワシ

（1）種を「空の飛び方／飛行経路」として理解することについては、第1章で詳しく説明している。

（2）Houston pers. comm. はすべて、二〇〇九年の中頃にデイヴィッド・C・ヒューストンと著者が交わしたEメールのやりとりに基づいている。ヒューストンは、グラスゴー大学の名誉上級研究員であり、ハゲワシの生態と行動に関する世界的権威である。

（3）ハゲワシはたしかに「ひどく腐敗した」ものを食

べることがあるが、それでもやはり比較的新鮮な食料の方が好きなようだ（Houston 2001）。

（4）インドのウシの生活には、悲劇としか受け取りようのない側面が数多くある。たとえば、インドではほとんどの州でウシの屠殺が禁じられているが、多くの場合、それはウシにとってのさらなる不幸につながっている。具体的には、非合法の（完全に無秩序な状態での）屠殺の横行や、屠殺が可能な近隣の州や国への劣悪な状態での長距離輸送へと置き換わっているだけなのだ（Singh 2003）。

（5）Cunningham pers. comm. はすべて、二〇〇八年九月一一日にロンドンで著者が行ったアンドルー・カニンガムのインタビューに基づいている。カニンガムは、動物学研究所（ロンドン動物学会）の野生生物伝染病学者であり、インドのハゲワシの保全のために働いている。

（6）私はここで、そしてそのあとも、ハゲタカ不在のインドで存在感を増している問題の広さと不公平さを伝えるために、統計を利用している。とはいえ私は、数字を使ってそんなことが本当にできるとは思っていない。統計では苦しみの実像をすくい取ることはできないし、苦しみから生まれる倫理的要求を矮小化してしまうことさえあるからだ（van Dooren 2010）。だがこの場合は、そうした難点があるにもかかわらず、数字は物語のきわめて重要な部分を語っているように思える。

（7）環境正義や、場所／生態系との直接の関係についてのまったく異なる議論については、Plumwood（2008a）を参照。

（8）「機能的絶滅」という生態学の概念は、まだ存続はしているが、数が減りすぎて従来の生態学的役割をもはや果たしていない状態を指している。この概念は有用ではあるものの、「なだらかな縁」で表現できる範囲をすべてカバーしているわけではない。「機能的絶滅」は依然として、「厳密な意味での絶滅」を種の最後の個体の死に結びつけており、この用語によって私たちが注目するようになる喪失は、純粋に「生態学的な」ものでしかない（その分野的起源を考えれば無理もない話だが）。

第3章　都会のペンギンたち

（1）見かけはさておき、破壊力という点ではその防波堤は決して「目立たない」ものではない。延々と続く防波堤を完成させる役割を果たしているからだ。

（2）私が知るかぎり、マンリーの防波堤の最古の記録は、一九一四年に作成された分譲地の地図である。その土地は一一四区画に分割され売りに出されている。以降一〇〇年の間に、それらの区画はさらに細かく分割されていった。
（3）「失われた場所」という表現は、ピーター・リードの感動的な著作 *Returning to Nothing: The Meaning of Lost Places* から拝借した（Read 1996）。
（4）この章で取り上げたアイデアの多くは、デボラ・バード・ローズとの共同研究が出発点となっている。たとえば、van Dooren and Rose（2012）を参照。
（5）ここでは、空間は（しばしば仮定されてきたように）何らかの意味のあるかたちで場所に先行するのか、あるいはそうではなく、「生きられる場所」が先であり、空間はそこから引き出された抽象概念だと理解すべきか（Casey 1996）という議論は扱わない。なぜなら、「場所」が、具現化され、生きられた、意味のある環境として理解できるかもしれないことを認めるために、その議論を解決する必要はないからだ。
（6）私は、「人間と高等動物との間の心の違い」は線形のスペクトルではなく、この章でのちに説明する「多様な感受性」として見た方がいいのではないかと思いはじめている。それでも、人間と動物の連続性に関するダーウィンの指摘は依然として有効だろう。
（7）Challies pers. comm. はすべて、クリス・チャリーズと著者との手紙のやりとりに基づいている。チャリーズは、コガタペンギンのフィロパトリーや繁殖行動の専門家として知られている（とはいえ、彼の実際の研究対象は、コガタペンギンの亜種であるハネジロペンギン（*Eudyptula minor albosignata*）である）。
（8）マンリーから一番近いコロニーである、ライオン島のペンギンコロニーを対象にした研究からも、営巣地固執性が高いレベルで観測されているが、繁殖の失敗と巣の変更に関係があるという証拠は見つかっていない。
（9）ペンギンの営巣地固執性についての説明には、「比較優位」という経済学の概念に根ざしているものが多く見られる。具体的には、営巣地固執性が与える利益は、ペンギンの繁殖成功率を高めると考えられているということだ。この考えはたしかに正しいのかもしれない。だがその一方で、私たちは、この種の進化的説明によって動物行動が包括的に規定されることで、動物の認知生活の豊かさが否定されてしまう可能性が生じることに注意を払う必要があるだろう（Crist 1999）。要するに、営巣地固執性のこうした実際的な利点は、進化論の文脈では理にかなっていても、コガタペンギンにとって、営巣地やパートナーに対する固執性がどのように感じられているのか——場所やパートナーに再会するという責務は、個体にどう経験されているのか、理解、行動、関係をどう活性化しているのか——については何も語ってくれないのだ。「機能」と「動機」の重要な違いについては、de Waal（2008）

を参照。

（10）　ペンギンを「望まれない訪問客」として見ることについては、このあとでさらに詳しく見ていく。

（11）　ペンギンのように、簡単に認識できるかたちで環境と意味のある関係を結んでいる動物ばかりでなく、植物や細菌を含む多くの生物もまた、評価するに値するかたちで「しるしと奇跡」のやりとりをしている（Haraway 1997:8）。そうした生物はまた、「能動態の自然（nature in the active voice）」（Plumwood 2009）という、より大きな自然理解の一部でもある。しかしこの章では、論点をわかりやすくするために、ペンギン（および、人間から見て認識しやすい意味づけの手段をもっている少数の種）に話を絞っている。

（12）　ここで継承されているのが遺伝子だけではないことは明らかだ。進化や継承に関してよく耳にする話とは異なり、人間以外の動物が世代間で引き継ぐのは遺伝子型だけではない。社会学習の多様なプロセスを介して、そして、幼少期に特定の経験や環境にさらされることで、多くの動物は、特徴、行動、言語、技能、その他の「文化的伝統」を受け継ぎ、それはさらに次の世代にも引き継がれていく（Jablonka and Lamb 2005; Oyama 2000）。

第4章　ツルを育てる

（1）　Duff pers. comm. は、二〇一二年六月二五日に著者が行ったジョー・ダフのインタビューに基づいている。ダフは、オペレーション・マイグレーションのチーフパイロットである。

（2）　超軽量グライダーを用いたカナダガンの渡りは、映画「グース」（Ballard 1996）で一躍有名になった。

（3）　ほぼ同じ時期、ケント・クレッグ、ジェイムズ・ルイス、デイヴィッド・エリスの三人も、カナダヅルを対象に同様の試験的な渡りを行っていた。この渡りの出発地はアイダホで、目的地はニューメキシコである（Clegg, Lewis and Ellis 1997）。なお、私は本書でアメリカシロヅルのことを時折 “Whooper” と表記しているが、保全活動家など日常的にこの鳥に接している人たちは、この呼び名を正式名称の “Whooping Crane” より好んで使っていた。

（4）　French pers. comm. はすべて、二〇一二年六月三〇日に著者が行ったジョン・フレンチのインタビューに基づいている。野生生物学者のフレンチは、メリーランド州パタクセント野生動物研究センターのアメリカシロヅル・プロジェクトの責任者を務めている。

（5）　近年では、ICFのアメリカシロヅルにカナダヅルの卵を与え、抱卵と育児の「練習」を行わせるケースも見られるようになった。また、親鳥飼育の試みも小規模ながら行われている（Tarr pers. comm.）。なお、Tarr pers. comm. はすべて、二〇一二年六月二七日に著者が行ったブライアント・ターのインタビューに基づいている。ターは、ＩＣＦの鳥類の管理責任者である。

（6）エックハルト・ヘスによる後年の研究（Hess 1964）などにより、この追従行動自体が、「親」に対する愛着を強化するうえで重要な役割を果たしていることが立証された。

（7）放鳥をする予定がなく、一生にわたって飼育下にあることが決まっている鳥については、事情は大きく異なる。刷り込みや慣れが鳥にもたらす問題および可能性については、この章の後半で詳述する。

（8）一般に言われているのとは異なり、刷り込みは、それを行う動物の知能の高低とはまったく関係がない。ガーディアン紙の記事によると、イギリス王立鳥類保護協会の広報であるトニー・ホワイトヘッドは最近こう語ったという。「鳥は脳が小さいです。簡単な偽装でも、幼いツルは、硬い翼やエンジン、そして人間さえもパパやママとして喜んで受け入れます」（Malein 2012 内の引用）。カラスのような、人間から見て賢い鳥――第5章で見るように、実際、非常に知能が高いのだが――であっても、刷り込みは生じる。つまり、刷り込みという発達過程は、コガタペンギンの強固なフィロパトリー（第3章を参照）のように、感受性の特殊な形態として理解すべきであり、知能の高低をはかる物差しとして見るべきではない。

（9）しかし、絶滅の縁にぎりぎりまで近づいている種にとって、刷り込みは有意義で、持続可能な選択肢だと言えるのだろうか？　悲しいことに、現実ではそうとは限らない場合が多そうだ。おそらくアメリカシロヅルにとっては、自分以外の存在になること――社会面や行動面「だけ」でも――が良い選択肢になるのだろうが、この問題は、アメリカシロヅル以外の飼育下繁殖プログラムでも考える必要がある。放鳥後の生存確率を高めるために、従来とは異なる生き方（採餌や営巣の戦略を変えたり、新しい食料源の開拓のしかたを学ぶなど）ができるよう訓練すべきか否かを考えなくてはならないのだ（この問題とハワイガラスに関する短い議論については第5章を参照）。とはいえ、異種間の刷り込みがそうした目的のために有効かどうかは、大いに議論の余地があるだろう。繁殖個体群として飼育下で一生を過ごす鳥にとっての異種間の刷り込みの可能性については、この章の後半で検討している。

（10）ヴァンシアンヌ・デプレ自身は、コンラート・ローレンツと鳥や動物の関係に対しては、倫理的な面で批判的だと思われる。この章の私の議論は、デプレの膨大な仕事（残念なことに、その多くは英語に翻訳されていない）のうちのたった一篇の論文（Despret 2004a）に焦点を絞ったものである。同僚のジェフ・ブッソリーニは、フランス語で書かれたデプレの論文の熱心な読者であり、彼女の仕事の多くが、異種間の関係の礼儀正しさと感受性という問題を扱っており、私の立場と一致していることを教えてくれた（Bussolini 2013）。というわけで私は、ローレンツと刷り込まれた鳥の関係の倫理をデプレが是認していると言っているわけではない。そうではなく、先の特定の論文で、ローレンツの手法には革新的で思慮に富んだ可能性があると彼女が強調したことが、その実験が行われた広い文脈における暴力を見えにくくしていると考えているのだ。

（11）人間を刷り込まれた鳥を、その要求を最優先しながら育てるには、二四時間体制の献身的な世話が求められるが、魅力的な短編映画“My Life as a Turkey”（Allen 2011）では、その一例が示されている。しかしこの映画は、結局のところ、緊張をはらんだ複雑な関係ばかりが目につく、曖昧な物語になってしまっている。

（12）これは、鳥たちを「野生」のままに保とうとか、「野生」に戻そうといった単純な話ではない。そもそも、「野生」と「飼い慣らされたもの」という区分は、ここではほとんど役に立たないはずだ。クレア・パーマーによる野生動物の概念の分析（Palmer 2010）がよく示しているように、「野生」とは「非人間化されたもの」の省略表現であるケースが非常に多い（「人間化」は、人間の土地への生物の移動、個別の飼い慣らし、あるいは長期間の「家畜化」という関係によって生じる）。これは二元化が強力に押し進められた枠組みであり、そこでは人間が万物の尺度となる――世界における動物のありようは、人間の生活やプロジェクトとの絡まり合いの程度を参照することによってのみ評価されるのだ。しかし、重要な異種間の関係はこれだけではない。たとえば、アメリカシロヅルにとって、カナダヅルを親として刷り込まれることは、人間を刷り込まれる場合と同じくらい問題となる。ここで重要になるのは、アメリカシロヅルがどれほど「野生」か、あるいは「飼い慣らされている」かではなく、それぞれのツルが包含されている広い社会が、どれほど実り豊かな生活へとつながっているか、ということである。

（13）もちろん、実際にはタイプは「尽きることがある」ものであって、その可能性があるからこそ、保全プロジェクトが機能するのである。

（14）ここで作用しているケアの体制は二つだけではないというのは重要な指摘だが、それでも私の関心は、二つの一般的な優先事項が交差することに向けられている。そして、そうした事柄は、それぞれ大きな幅をもっている。種に対して、あるいは個体に対してどのようなケアを行うかは、常に状況が変わっていく、議論の絶えない問題である。

(15) 私はここで、アメリカシロヅルの保全活動に巻き込まれた他種の鳥たちに視線を向けている。ここに挙げたもの以外にも、そうした鳥は数多くいることだろう。たとえば、多くの飼育下繁殖プログラムで見られるように、絶滅危惧種に餌として与えられるために特別に飼育される動物たちもまた、重要な「犠牲」の個体群である(Bekoff 2010)。また、飼育していた動物を自然環境に放つ際には「生息地改変」が行われることが多く、その地に暮らす生物にさまざまなかたちで影響を与える。負の影響をもっとも顕著に受けるのは、放たれた動物の生存率を高めるために間引かれる(殺される)動物——普通は捕食者だが、ときに競争相手のこともある——だろう。アメリカシロヅルの放鳥では、その地の動物を殺すことはしていない。その代わりに、たとえばフロリダ州中部ではボブキャットを捕獲して移動させており(Hughes 2008:145)、こうした対応にはそれ自体の負の影響がある。とはいえ現在では、放鳥や再導入プログラムの成功にとって、このような「捕食者コントロール」は重要な要因だという認識が高まりつつある(Fischer and Lindenmayer 2000)。

(16) 環境哲学者のホームズ・ロルストン三世は、カリフォルニアの沖合にあるサン・クレメンテ島で実施されたヤギの「根絶」プログラムに関する議論のなかで、その典型的な例を紹介している(Rolston III 1999)。このプログラムでは、絶滅の危機にある三種の植物を守るために、およそ一万四〇〇〇頭のヤギが射殺された(それ以外にも多くのヤギが捕獲され、排除された)。ロルストンの視点から見れば、この行為は正当化される。というのも、ヤギは絶滅危惧種ではないので「取り替えがきく」存在であり、その島の「在来種」でもないからだ。私は、その植物が絶滅の危機にあることが倫理的に重要だという点については、ロルストンに全面的に賛成する(第1章を参照)。ロルストンの議論は、ピーター・シンガーの功利主義的な倫理への返答という文脈で行われており、そこでロルストンは、動物以外の生命および種に対して十分な敬意を払っていないことを非難している。しかし、多くの環境保全活動家や環境哲学者と同じように、ロルストンの立場には逆の問題がある。なすべき「正しい」ことを断言するときの彼の自信、絶滅危惧種の保全は個体の死や苦しみよりも「価値が高く」、ゆえに正当化されることへの彼の確信には、根深い問題があるように私には思える。絶滅危惧種を「切り札」のように扱うことの限界はどこにあるのか？　ひとつの植物種を救うために何頭のヤギが殺されるのか？　また、どのような方法でならそれが可能なのか？　そうした動物にどれほどの苦痛を強いることができるのか？　アメリカやオーストラリアなど多くの国々で行われている「外来種の管理」は、保全の名の下に絶えず生み出されている大量の死や苦しみに対して、私たちが非常に寛容であることを示している（Rose 2008; van Dooren 2011a）。また、この問題のもう一方の端には、アメリカシロヅルが明らかにしたように、自身の種の存続のために動物園や飼育下繁殖施設で「生かされる」個体たちの苦しみもある（Chrulew 2011a）。こうした生き物たちは、いつまで、どのような状況で生かされるのだろうか？

(17)　先述したように、ICFではすでに親鳥飼育の試みが小規模ながら行われている。

(18)　「クレーン・カム」にはオペレーション・マイグレーションのウェブサイトからアクセスできる。http://www.operationmigration.org/crane-cam.html を参照。

第5章　死を悼むカラス

(1)　Lieberman pers. comm. はすべて、二〇一〇年一一月二九日に行ったアラン・リーバーマンのインタビューに基づいている。リーバーマンは、サンディエゴ動物園保全研究所の地域保全プログラムのディレクターであり、ハワイガラスなどのハワイの鳥類の保全に長らく携わってきた人物である。

(2)　ハワイガラスが直面する脅威については、Banko, Ball, and Banko (2002) とUSFWS (2009) を参照。

(3)　多くのカラス種が、人間社会という常に変わりつづける環境と密接に関わりながら繁栄できたのは、まさにこうした特性、つまり高度な学習行動や知能があったからだが、まったく異なる選択圧にさらされていた島のカラスは、そうはいかなかったことは、ここで指摘しておくべきだろう。このことは、世界中で同じような状況を生み出している。ジョン・マーズラフによると、「カリブ海だろうが太平洋だろうが、ほぼすべての島に……在来種のカラスがいるが……そうしたカラスは、だいたいいつも果食性で、だいたいいつも絶滅の危機に瀕している」という（Marzluff pers. comm.）。なお、Marzluff pers. comm. はすべて、二〇一〇年一一月一三日に著者が行ったジョン・マーズラフの電話インタビューに基づいている。マーズラフはワシントン大学の森林資源学部の教授で、主な研究対象はカラスの生態、行動、保全である。また、過去にはアメリカ魚類野生生物局（USFWS）の「アララ回復チーム」に参加していたこともある。

ハワイガラスが、人間のそばで暮らし、ゴミを漁り、さまざまなやり方で人間の存在を利用できる知能と適応力をもっていることは、ほとんど疑う余地がない。実際、アララ回復チームでも、人間が出した廃棄物を利用できるよう学習させて種の保全に役立てる可能性が検討されたが、最終的には否決されている。この選択肢が却下されたのは、それが難しいからではない（カラスを守る方法としてはこれはごく簡単なものだ）。回復チームが、「できるだけ野生のままの、果食性を保った、森を愛する」（Marzluff pers. comm.）鳥を繁殖し、放鳥することが自分たちの役割だと考えたからだ。このような状況は、保全活動の目標に関する興味深い疑問をさまざまに提起するものだ。具体的に何が保全されているのか？　種の生物学的、遺伝的多様性以上のものを保全しているのか？　その種がもつ行動レパートリー（そしておそらく文化レパートリー）もまた、保全に値するものなのか？　そうだとすれば、どのような条件で？　この章の背景にはこれらの疑問があるが、ときに前面に出てくることもある。

（4）　私はここで、マルティン・ハイデガーの「現存在（Dasein）」（文字どおりの意味は「ここにある」）のことを「人間」と表現している。この表現が過度に短絡的であるのは間違いないにせよ、ハイデガーによる人間と動物の区別という文脈においては、人間としての「現存在」こそが、そのもっとも顕著な特徴だと思われる。

（5）　同様の見解で、より最近の例を挙げるなら、「生」を手にするには、自分自身の死を知ることが不可欠だとする、哲学者のジェフ・マルパスの主張がある。マルパスは端的に述べている。「生をもつ生き物、世界をもつ生き物、価値と意味の感覚をもつ生き物は、自分自身の終わりの可能性を理解している生き物でもある」（Malpas 1998:134）。マルパスは、誰が死を知っていて誰が知らないか、ひいては、誰が生をもち誰がもっていないかを明示していないが、彼の思考は明らかに、人間と動物の間にはっきりと線引きをするという長い伝統に則っている。生をもっておらず、したがっておそらく自身の有限性を知らない生き物の例としてマルパスが挙げたのは、彼が飼っていた猫だけだ（Malpas 1998:120-21）。マルパスの論文は、死ぬことのできる人間とただ滅びるだけの動物の区別に焦点を絞ったハイデガーの著作からの長い引用と、自身の脚注で締めくくられている。その脚注は次のようなものだ。「［本論文の目的は］ハイデガー的な前提に明確に依拠することなく、本質的にハイデガー的な結論と言えるもののために議論を展開することである」（Malpas 1998:134）。マルパスは、ハイデガーに比べて態度をいくぶん保留しているようにも見えるが、それでも彼の思想が、人間と動物の擁護できない偽りの区別に軸足を置いているとは言えるだろう。

　私たちは、死を知ることが問題となる主な理由のひとつを、ハイデガーとマルパスの作品のどちらにも見つけることができる。簡単に言ってしまえば、死がなければ十分に生きられないという考え方がそこにはあるのだ。マルパスは、冒頭の文章でこの関係を明確に述べており、バーナード・ウィリアムズを引き合いに出して、死がない生は「興味を欠き、意味も欠く」(Malpas 1998:120) だろうと論じている。ただし、ジョナサン・ストラウスが指摘するように、この考えは決してこれらの少数の思想家に限られたものではなく、パウル・ティリッヒ、ハーマン・ファイフェル、ジリアン・ローズなどの思想にも見出される (Strauss 2000)。たとえば、ファイフェルは次のように述べる。「私たち一人ひとりの唯一性、個別性の概念は、私たちが有限であることを認識することによってのみ、十全な意味をもつようになる」(Strauss 2000:93 内の引用)。このように考える場合、人間が自身の個別性を仮定しようと思えば、ストラウスが続けて指摘するように、「自身のなかにある動物的存在を殺し、生のない眠くなるような生活、死や自己のない存在を駆逐しなければならない」(Strauss 2000:101)。

(6) この問いの答えを私は知らないが、まっとうに考えようと思えば、このテーマに関する動物行動学の文献にあたるのは必須だろう。だが、哲学者がそうした文献を参照したうえで発言することはめったにない。これは興味深いことである。Calarco (2008) を参照。

(7) こうした行動や表現——鳥のさえずりなども含む——が、世代を通じて教えられ、引き継がれていくように（第1章と第3章を参照）、死者の洞察や発展もまた、現在の世代の生活に何らかのかたちで反映されているはずである。この文脈では、人間と非人間との相互作用や継承には違いがあるかもしれないし、フランソワーズ・ダスチュールの正確な立場もいくぶん不明瞭だが (Dastur 1996)、人間以外の存在にもさまざまな継承や世代間の連続性があることを認識し、二元的で人間中心的な「正しい」ものを受け入れることに躍起にならないことが重要であるように思われる。

(8) ハワイガラスに言及したこの主張の背景については、この章と、そこで引用した他の著作から明らかだと思う。ゾウに対する人間の暴力の議論については、Poole (1996) と Wylie (2010) を参照。ゾウのストレスと社会的崩壊については、Bradshaw (2004) と Bradshaw et al. (2005) を参照。こうした状況は、マシュー・チルルーが動物の哲学との関連で指摘した、相互に補強し合う論理の重要な例を提供している

(Chrulew 2011b)。チルルーは、動物園などで飼育されている動物と、動物を基本的に「囚われの身」とする哲学的思考(たとえばハイデガー)の関係を指摘している。ここで、動物を劣等な主体と捉える考え方は、人間によって社会性を制限かつ阻害されながら、不十分な環境で生きることをますます強いられている動物たちとの相互作用を通じて形成され、あるいは、そうした動物たちを参照することで正当化される。

(9) この章では、「悲嘆(grief)」と「死を悼むこと(mourning)」という言葉を同じ意味で使っているが、これは後者を人間のみに限定して使う従来の用法とは異なるものだ。このような使い分けは、「悲嘆」が喪失に対する反応全般を指すことが多いのに対し、「死を悼むこと」が死によってもたらされる喪失に対する反応に特化していることに由来していると思われる(Attig 1996:9)。しかし、動物が死を理解できないのであれば、この特別な種類の喪失を経験することができず、適切に死を悼むことができない——他の愛着を失った場合と同様に、悲しむだけである。この章で明らかにしたように、私は物事がこれほど単純であると確信しているわけではない。

(10) 動物行動学の研究と呼ぶにふさわしい事例報告については、Bekoff (2007) と Crist (1999) を参照。なお、悲嘆のような感情を扱う実験を設計することには、明らかに倫理的な問題がある点も心に留めておくべきだろう。

(11) こうした結論は、鳥類と哺乳類には神経回路と神経伝達物質に関して重要な類似性があるという、近年の神経学の比較研究によって、さらに重要視されるようになった。悲嘆を可能にする神経基盤は、私たち人間を含む多くの哺乳類に見られるが、同様のものがカラスにも認められるという(Marzluff 2012)。

(12) このような視点は、身内を亡くした従兄弟に宛てたダーウィンの手紙にも見られる。ダーウィンは次のように書いた。「強い愛情は人間がもつ特徴のなかでももっとも高貴で、それがなければ取り返しのつかない失敗になると私は常々考えてきました。あなたの悲嘆は、そうした感情をもって生まれてきたこと(後天的に得られるものではないと私は確信しています)に対して、誰もが払わなければならない代償です。そう思って自分を慰めてはいかがでしょうか」(Archer 1999:75 内の引用)。

(13) カレドニアガラスの「文化」の可能性についての議論は、Hunt (1996) と Boesch (1996) を参照。W・C・マグルーは、「文化」一般について、そして人間以外の動物、特に霊長類における「文化」とは何かについて、有益な洞察を行っている(McGrew 1998)。

(14) アメリカガラスとは別のカラス科の鳥であるアメ

リカカケス（*Aphelocoma californica*）に見られる、仲間が死んだ場所での同様の集まりについては、Iglesias, McElreatha, and Patricelli（2012）を参照。

（15）「機能」と「動機」の違いについては、de Waal（2008）を参照。

（16）「生物学的なもの」と「社会的なもの」はここで混ざり合い、その間に一貫してあった明確な区別も曖昧なものになる。社会性は、それがどんな形態であろうと、すべて特定の生物学的な能力、この場合で言えば「感情的」とか「認知的」といったラベルが貼られている能力に根ざしている。また、それと一緒にはできないが、関連した話題として挙げるのなら、植物やさまざまな微生物もまた、それぞれに特有の「社会的な」関係を築きつづけてきた。そうした生き物も、合図や意味をやりとりするなど、私たちが軽視しがちな方法でコミュニケーションをとっているのである（Hall 2011）。この意味で、おそらく社会性はあらゆる生物に共通する特徴であり、人間のものと似ているがゆえに、すぐそれとわかるようなコミュニケーション様式をもつ生物に限定すべきではないだろう（Hird 2009）。言い換えれば、私たち人間が社会的生物であること、その社会性が特殊な形態をとっていることは、私たちの生物学的なつくりの反映なのである。しかしそれと同時に、生物学的なものもまた、他者と共に、いくつもの世代と非常に物質的なプロセスを通じて進化してきた。他者と交わる生活は、さまざまな社会的能力を進化させる状況を生み出し、その状況が今度は、社会関係をさらに深め、強化することにつながった。よって、生物学的可能性から逸脱した社会性は存在しないし、特定の社会環境によって形成されてこなかった生物学的形態も存在しないのである。

（17）この理解を念頭においたうえで、私は次のように提案したいと思う――この話題に関するジュディス・バトラーの近年の仕事（Butler 2004, 2009）とは対照的に、死を悼むとは、価値ある生命、あるいは「喪失を悲嘆すべき」生命を「認識」するというよりも、さまざまなレベルで他者に突き動かされ、他者によって構成され、他者の運命に感情的、知的に結びついている私たちの存在の現実がたんに具現化された、ということに近いのではなかろうか。死や喪失に伴う悲嘆の程度に幅があるのは、この他者との絡まり合いに差異があるからだ。つまり私たちは、ある人々、ある動物、ある環境、ある仕事、ある所属に対して、それ以外のものよりも深い愛着をもち、多くを投資しているにすぎないということだ。ある存在の死を悼まないこと、または、ある存在の死を他の存在の死よりも深く悼まないことは、バトラーが言うように、ある存在を「生きる価値がある」とか「喪失を悲嘆すべき」と認識できなかったせいでは必ずしもない。私は、ある限られたケースにおいては、その認識の失敗が原因となりうることを認めている。しかし、やはり大半のケースにおいては、バトラーの用語が暗に含んでいる閾値——価値がある／ない、悲嘆すべき／すべきではない——は、残された無数の生命のなかに喪失が引き起こす（あるいは引き起こさない）情動反応のすべての範囲を十分に掬い取ることはできない。これに対して私が考えているのは、悲嘆することができないのは、自分自身の生活や世界が死にゆく者といかに共有されているかを（さまざまな経験レベルで）把握できていないことに起因する場合が多いのではないか、ということである。

(18)　この問題と、ミーアキャットに関するマティ・キャンディアのすばらしい研究（Candea 2010）とのつながりを指摘してくれたミシェル・バスティアンに感謝する。

(19)　太平洋地域における鳥の絶滅の詳細については、Steadman（2006）を参照。

解説　死にゆく鳥たちと私たちのビオス

近藤祉秋

（高貴な鳥であるカッコウが語る）「言葉の技に巧みな鸚鵡よ、よくお聞きなさい。わたしは、この輪廻の大海をくまなく調べたうえで、そこには本質をもつものなどひとつもないことを理解しました。わたしは見たのです、この鳥の体が生まれた果てに死ぬ様子を、…なんとあわれではありませんか」
——中沢新一『鳥の仏教』新潮社、一八頁

本書は、Thom van Dooren, *Flight Ways: Life and Loss at the Edge of Extinction*. New York: Columbia University Press, 2014. の和訳である。

著者のトム・ヴァン・ドゥーレンは、オーストラリアの環境人文学を牽引する研究者であり、現在ではシドニー大学人文学部で教鞭を取っている。オーストラリア国立大学で哲学と宗教学の学士号を取得した後、同大学の博士課程に進学し、「環境と社会」に関するプログラムを修了している（二〇〇七年）。二〇一二年から二〇一九年にかけて、国際ジャーナル Environmental Humanities 誌の共同編集者を務め、人類学者の故デボラ・バード・ローズらとともに環境人文学分野を世界的な動向へと育て上げるのに多大な貢献をした。[1] ヴァン・ドゥーレンは、絶滅や絶滅危惧種と人間の関わりをテーマとした著作で知られており、本書以降にも『カラスの覚醒――共有された世界における生死』(二〇一九年、未邦訳)や『殻の中の世界――絶滅の時代のためのかたつむり物語』(二〇二二年、未邦訳)といった作品で絶滅の問題を扱っている。

本書の概要

本書は、序論に続く五つの章からなり、アホウドリ、ハゲワシ、コガタペンギン、アメリカシロヅル、ハワイガラスといった絶滅が懸念される鳥類と人々の関わりを扱っている。第1章「アホウドリの巣立ち」では、ミッドウェー島のアホウドリが海洋プラスチックごみによる環境汚染で苦境に立たされている姿が描かれている。アホウドリは、生涯のほとんどを沖合の海上で過ごすが、風の力を生かした滑空で広大な範囲を移動して子育てに必要な餌を集めている。アホウドリが採餌する海域は、「北太平洋ごみベルト」と呼ばれる海洋プラスチックごみの集積地となっている。プラスチック片などを与えられたアホウドリのひなは、健康に育つことができず、脱水や飢餓で死んでいく。さらには、PCBやDDTのような残留性塩素が親鳥の生殖プロセスに悪影響を与える。

ヴァン・ドゥーレンは、アホウドリの置かれた状況を考える上で「空の飛び方/飛行経路」(flight ways)という概念を提案する。ある生物種は、同時代に生きるさまざまな生き物の関係性のネットワークの中で形成されるだけではなく、先行する世代から命のバトンリレーを受け取って存在するようになる。つまり、本書に登場するさまざまな鳥が示してくれるバラエティー豊かな「空の飛び方」は、それぞれの鳥が無数の世代をかけて築いてきた「飛行経路」でもある。ヴァン・ドゥーレンは、すべての種は誕生してはいずれ滅んでいくという巨視的な視点によって隠されてしまうものとして、アホウドリの各世代の繁殖に焦点を当てる。巨視的な進化史の時間性だけでなく、よりミクロなものも含めて複数の時間性を考慮に入れる必要がある。

第2章「旋回するハゲワシ」では、ハゲワシの特殊な生態がもたらした悲劇について記している。腐肉食者のハゲワシは、病原菌に対して強い抵抗力を持つ。インドでは、家畜の死体から炭疽菌などの病原菌が飛散するのを防ぐ役割を果たしてきた。しかし、近年では、インドの農家は飼育するウシに抗炎症剤のジクロフェナクを頻繁に投与し、乳房炎などの症状を治療するようになった。死んだウシの死体からジクロフェナクを大量に摂取したハゲワシは、腎機能障害に陥り、死を迎える。絶滅が危惧されるほど数を減らしたハゲワシの代わりに野犬がウシの死体を平らげるようになったが、野犬はハゲワシほど効率的かつ丁寧に死体を処理することができないため、死体由来の病原菌が周囲の環境に飛散するようになっている。

ヴァン・ドゥーレンは、インドにおけるハゲワシの事例をもとに「絶滅のなだらかな縁」を論じている。これは、絶滅を定義する際に最後の個体の死にのみ着目することへの反論として提起された考え方であり、多種の通時的・共時的な絡まり合いから生まれた「空の飛び方／飛行経路」がゆるやかに分解していくこととして絶滅を捉える点に特徴がある。

第3章「都会のペンギンたち」は、オーストラリアのシドニー湾からほど近いマンリーの海岸を舞台としている。この海岸にはコガタペンギンの小さなコロニーがあり、このコロニーはオーストラリア本土では最後の三つのうちの一つである。コガタペンギンは毎年決まった場所に帰ってくる習性があり、その習性は人間がマンリーの海岸に手を加えたとしても変わることはない。ヴァン・ドゥーレンによれば、コガタペンギンの「営巣地固執性」は、ペンギンがいかに営巣地がある海岸線を、（ペンギンにとっての）歴史を有し、意味づけられた場、もしくは「物語られる場」としてつくり出したかという問いを提起する。

コガタペンギンは穴掘りや排せつ行為を通してその土地に働きかけるとともに、土地はペンギンを変容させる。コガタペンギンは、都市環境に適応し、人間の住居付近にも営巣するようになっているが、マンリーの海岸に戻ってこようとするコガタペンギンとそれを拒もうとする地域住民の間で軋轢が続いている。コガタペンギンが愛着を持つ土地との間で築く緊密な関係性を考慮に入れれば、海岸線を開発することはペンギンの絶滅に直結する事態である。

第4章「ツルを育てる」では、アメリカシロヅルの繁殖プログラム、とくに飼育員がツルのコスチュームを着てツルと接することの意味が問われる。ヴァン・ドゥーレンは、動物行動学者のローレンツがおこなった「刷り込み」の実験が飼育員や他種の鳥を親として刷り込ませるものであった点を批判的に捉える。その実験の対象となった鳥は同種との間で社会的、性的な関係がうまく築けない個体となってしまう。アメリカシロヅルの繁殖プログラムでは、このような事態が生じる可能性をできるかぎり抑えるため、人間や人工物の姿をカモフラージュすることがおこなわれている。

「異なる生物種間の礼儀作法」と呼ぶべき飼育員の努力は、種の保存を目指したケアの実践であるが、それはより広い意味での「暴力的 - ケア」の一部でもある。繁殖プログラムでは、放鳥のための個体群と繁殖のための個体群が厳密に分けられており、繁殖のために選ばれた個体はストレスフルな人工授精や精液採取の過程に適応させるため人間への慣れが積極的に評価される場合もある。放鳥のための個体群の背景には、このような「犠牲的な代行者」の存在があり、「絶滅のなだらかな縁」で鳥をケアする実践はさまざまな形態の暴力と密接に関わっている。

第5章「死を悼むカラス」では、野生個体が絶滅したハワイガラスの事例から、死に関する人間例外主義に挑戦する試みがなされる。他のカラスが都市環境を含むさまざまな場所に適応し生息地を拡大してきた一方で、ハワイガラスは森林をおもな生活空間としてきた。大型の森林性鳥類であるハワイガラスは種子散布者として生態系の中で重要な役割を果たしていたと考えられる。ハワイでは、ポリネシア人とヨーロッパ人の定着以降、外来動物などの影響で自然環境の大きな変化が生じたが、その中でハワイガラスは絶滅寸前となった。

カラスが別の個体の死に接して「悲嘆」を表現することが報告されているが、このことは西洋哲学の間で想定されてきた「動物は死を知らない」という考え方と相いれない。死を理解しているかどうかは人間と動物を分かつ境界線として機能してきた。ヴァン・ドゥーレンは、このような人間例外主義的な見解を超えて、他個体の死を悼むカラスの悲嘆に寄り添うことを試みる。それはつまり、絶滅の時代の中でカラスと共に死を悼むことを目指すことでもある。

ここまで本書の鍵概念について説明を加えながら、各章の概要をみてきた。本書のおもしろさは、個性豊かな鳥たちが体現するそれぞれの「空の飛び方／飛行経路」から、絶滅の時代に生きることをめぐる豊饒なメッセージを取り出してみせるヴァン・ドゥーレンの手さばきにある。ヴァン・ドゥーレン自身は、最近「フィールド哲学者」を名乗っているが[2]、それぞれの鳥に対する綿密な文献渉猟、繁殖や保全のプログラムに参加する研究者らへのインタビュー、環境哲学や思想の該博な知見、これらのどれが欠けても本書は成立しない。ある特定の地域の動物種や生態系に焦点を当てて、自然科学的な知見を整理しつつ、人文学的なレンズから分析を進めていくヴァン・ドゥーレンのアプローチは、「哲学的エコロジー」を提唱するデボラ・バード・ローズのそれとも重なる。[3] ヴァン・ドゥーレンと本書でも幾度も言及されるローズは、現在のオーストラリアにおける環境人文学のスタイルに大きな影響を与えた研究者と言ってもよいだろう。

マルチスピーシーズ研究

ローズと同様に本書の理論的な枠組みにインスピレーションを与えているのが、科学史家のダナ・ハラウェイである。ハラウェイは、本書でも引用されている『種が出会うとき』(邦題:『犬と人が出会うとき――異種協働のポリティクス』)において、自身の飼い犬であるカイエンヌとアジリティ競技(飼い主の指示に従いながら犬が障害物をクリアするスポーツ)に取り組んだ経験を踏まえながら「伴侶種」(companion species)概念を提唱した。この概念は、いわゆる「伴侶動物」(companion animal)とは異なり、「カテゴリー」というよりも、進行中の『ともになる』ことへの指針」である。そのため、「パートナーは関わりあうのに先んじて存在しているわけではない[4]」。「伴侶種」概念は、人間が人間のみで独立して存在しうるという人間例外主義的な見方を退け、人間を含む多種が偶発的な遭遇の中で互いに互いをつくりあうことに着目している。

二〇一〇年代になると、ハラウェイの伴侶種論は、人類学者の間で「マルチスピーシーズ民族誌」

という動向を生み出した。マルチスピーシーズ民族誌の提唱者であるエベン・カークセイらによれば、マルチスピーシーズ民族誌の特徴は、これまでの人類学ではあくまでも背景として（ゾーエーとして）扱われがちであった動植物、菌類、ウイルスなどの生物を、「人間と肩を並べて、明白に伝記的および政治的な生をもつビオスの領域」にあるものとして描くことである[5]。古典的な人類学が人間と人間以外の存在を切り分けて理解しがちであったのに対し、マルチスピーシーズ民族誌のような近年のアプローチではそのような分断を回避しながら研究を進めていこうとしている。本書では、「絡まり合い」（entanglement）という術語が頻出する。人類学者の奥野克巳によれば、「絡まり合い」は「マルチスピーシーズ民族誌の最重要キーワード」の一つであり、「多種の絡まり合いに着目することで、自然／文化という二元論図式の乗り越えが視野に入れられている[6]」

マルチスピーシーズ民族誌が登場した背景には、人為的な原因による気候変動や生物の大量絶滅に代表される「人新世」という時代意識がある。人新世は完新世の次の地質時代として二〇〇〇年に提唱された言葉であり、文字通り「人間の時代」を意味する。マルチスピーシーズ民族誌において、地球を動かすようになった人間の力にのみ光が当てられるのではなく、多種による世界制作が論じられているが、そこには人間中心主義的な世界理解を批判的に捉える見方がある。その意味で、マルチスピーシーズ民族誌は人新世の時代意識から生まれているが、人新世の人間中心主義を是正するような記述をおこなうことを目指している。

本書を執筆したヴァン・ドゥーレンは、必ずしも人類学のトレーニングを受けているわけではないが、オーストラリアでの環境人文学的な協働と対話を経て、マルチスピーシーズ民族誌の動向と非常に近い問題意識を持っている研究者であることはこれまでの説明からも明白であろう。

人類学の歴史を学んだことがある読者であれば、あるアナロジーに気づく者もいるかもしれない。アメリカの人類学者らが本格的に現地調査を始めた二〇世紀初頭、彼ら・彼女らが北米先住民社会などの異文化の記録をおこなったのは、それが消滅の危機にあると考えられたからであった。消滅してしまうかもしれない文化や社会を記録することで、書物の形をとってその存在があったことを後世に残そうと考えていたのだ。そのため、この時期のアメリカの人類学を「救済民族誌」と呼ぶこともある。なお、この当時のアメリカ人の考え方とは対照的に、いずれ主流社会に同化し、消え去っていくと考えられた北米先住民の集団は現在でも存続し繁栄しているものが多いことを付記しておく。

「救済民族誌」の時代から一世紀を経た二一世紀の初頭、カークセイらは、民族誌の対象となる生の主体が人間のみにとどまらない多種であると喝破した。すでに述べたように、そのような主張がなされる背景には気候変動や環境破壊に起因する生物の大量絶滅の懸念がある。もちろん、マルチスピーシーズ民族誌は絶滅種や絶滅危惧種のみに的を絞ったアプローチというわけではない。だが、ヴァン・ドゥーレンやローズが絶滅をテーマとした著作を書き、マルチスピーシーズや環境人文学の研究を進めていることからもわかるように、地球上の生物種、そしてそれらがつくる多種の絡まり合いが失われつつあるという意識は現代人類学の実践に大きな影響を与えている。ヴァン・ドゥーレンやローズらは絶滅研究の見地から、失われゆく生命の営みを民族誌の中に記録し、その現状を少しでも変えるために声を挙げているが、彼らの仕事は、多種の「救済民族誌」であると呼ぶことができるかもしれない。

この先、地球環境がどのようなものとなるかについて多くの予測がなされているが、実際のところはまだ誰にもわからない。それでも今般の環境危機で絶滅したり絶滅寸前のところまで追い詰められたりする生物種は数多くに上るものであることはほぼ間違いないと考えられる。二一世紀の「救済民族誌」は、人新世という時代を引き受けながら、消滅してしまう（かもしれない）多種たちに寄り添うことで、現代人類学に新しい展開をもたらしている。そして、その展開をリードするのが、苦境に立つ鳥たちに向けたヴァン・ドゥーレンの哀歌である。

多種の倫理へ

本書を多種の「救済民族誌」として考える時、一体どのような点が前景化されるのであろうか。一つには、本書は強い倫理的なメッセージを発する本であるという点が挙げられる。一世紀ほど前の救済民族誌は消滅していく（と当時考えられていた）異文化の姿を記録し、後世に残すことを使命としていた。他方で、多種の「救済民族誌」は絶滅してしまいそうな生物たちの姿を記録するだけでなく、その絶滅を防ぐために人々にこれらの種の存在を知ってもらいたい、そして、その種との関わり方に関心をもってもらいたいという考え方に基づいていると考えられる。

ハラウェイがよく使う表現を借りれば、マルチスピーシーズ研究は人新世を生き抜こうとする生き物たちの姿を人間中心主義的ではない形で描くことを通じて、私たち読者がその生き物たちとの間で「責任／応答可能性」（response-ability）を築くことを目指している。本書の場合、第3章で描かれたコガタペンギンの営巣地固執性にまつわる議論や、第4章に登場するアメリカシロヅルの刷り込みを利用して、人間を親だと認識させることについての是非を論じた箇所がこのような倫理的なメッセージをとりわけ強く感じさせる章だと言える。

本書の解説を締めくくるにあたって、ヴァン・ドゥーレンが用いるある表現に焦点を当てて、右記の論点をより深く考えてみたい。本書では、「〜を真剣に受け取る」という表現が登場する。例えば、カラスの悲嘆やペンギンの物語が「真剣に受け取る」べきものとされる。一体、この表現はどのような意味で用いられているのだろうか。ヴァン・ドゥーレン自身が本書の中でこの点についてはっきりとした説明を加えているわけではないので、あくまでも推測に過ぎないが、私は人類学の存在論的転回に影響を受けた表現であると考えている。

人類学の存在論的転回の文脈において、「〜を真剣に受け取る」という表現が用いられる時には、その人類学者が調査する人間の集団が「真剣に受け取る」べき対象とされるが、そこでは人々の言説や実践が「文化的構築物」ではなく、何らかの意味で「現実」的なものだとされる。[7] ヴァン・ドゥーレンがカラスの悲嘆やペンギンの物語を真剣に受け取るべきものとして論じる時、その鳥たちが生きる姿をみずからの生とも直結したもの、つまり私たちとも常にすでに絡まりあっているものとして提示しているのではないかと私は理解した。[8] 滅びゆく鳥たちは、ヴァン・ドゥーレンの筆の中でゾーエーではなく、「明白に伝記的および政治的な生をもつビオス」の存在となった。

近年、マルチスピーシーズ研究は人類学の文脈を超えて、環境倫理学の中でも紹介されるようになってきている。[9] ヴァン・ドゥーレンが哲学の分析力と人類学の現場目線の合わせ技で切り拓いた眺望は、翼の生えた者たちと翼を持たない者たちが人新世の最中でいかに死と隣り合わせに生きているかを考える上で欠かすことのできない鋭い視点に満ちている。[10] 本書は、鳥たちのビオスの世界に私たちを誘う。かの鳥たちはこれからどのように生き死んでゆくのか。この問いは、私たちはこれからこの地球でいかに生き死んでゆくのかという問いを常に喚起している。

（1）学歴などの情報は、著者本人が運営するウェブサイトから入手した。http://www.thomvandooren.org/（最終閲覧日：二〇二二年一〇月二二日）

（2）前述した著者のホームページ参照。

（3）例えば、ローズはオーストラリア中央砂漠における水のあり方を事例として、水文学とアボリジニ研究の知見を撚り合わせた論考を発表している。ローズ、デボラ・バード「流れる水の技法――オーストラリア先住民の適合の詩学」（近藤祉秋・平野智佳子共訳）『思想』二〇二二年一一月号（一一八三号）、二二一―四〇頁、二〇二二年。

（4）Haraway, D. J. *When Species Meet*. University of Minnesota Press, 2007, pp. 16-17.

（5）Kirksey, S. E. and S. Helmreich. Emergence of Multispecies Ethnography. *Cultural Anthroplogy* 25(4): 545-576. ただし、これまでも人類学の中では動植物などが議論の対象となってきたことは事実である。マルチスピーシーズ民族誌とこれまでの人類学の違いについて、詳しくは以下の文献を参照のこと。近藤祉秋・吉田真理子「人間以上の世界から「食」を考える」近藤祉秋・吉田真理子（編）『食う、食われる、食いあう　マルチスピーシーズ民族誌の思考』青土社、九―六五頁、二〇二一年。近藤祉秋「マルチスピーシーズとは何か」『思想』二〇二二年一〇月号（一一八二号）、七―二六頁、二〇二二年。

（6）奥野克巳「序（《特集》マルチスピーシーズ民族誌の眺望——多種の絡まり合いから見る世界）」『文化人類学』八六巻（一号）、四八頁。

（7）ナダスディ、ポール「動物にひそむ贈与——人と動物の間の社会性と狩猟の存在論」（近藤祉秋訳）奥野克巳、山口未花子、近藤祉秋（編）『人と動物の人類学』春風社、二九二—三六〇頁、二〇一二年。

（8）なお、「多種を真剣に受け取る」ことについては拙著でより詳しく検討している。以下を参照のこと。近藤祉秋『犬に話しかけてはいけない——内陸アラスカのマルチスピーシーズ民族誌』慶應義塾大学出版会、二〇二二年。

（9）太田和彦「土地倫理——アメリカの環境倫理学の出発点」吉永明弘・寺本剛（編）『環境倫理学』昭和堂、二〇二〇年。

（10）私自身はヴァン・ドゥーレンの著作にインスピレーションを受けながらも、自然科学者が集めた情報を環境哲学やポストヒューマニティの言葉で語り直しているだけになっているのではないかという点で批判的に捉えている。詳しくは以下の拙論を参照のこと。近藤祉秋「内陸アラスカ先住民の世界と「利那的な絡まりあい」——人新世における自然＝文化批評としてのマルチスピーシーズ民族誌」『文化人類学』八六巻（一号）、二〇二一年、九七—九八頁。

［著者］

トム・ヴァン・ドゥーレン（Thom van Dooren）

1980年生まれ。シドニー大学人文学部准教授。環境哲学者。とりわけ、種の絶滅や絶滅の危機に瀕している種と人間の絡まり合いの中で生じる哲学的、倫理的、文化的、政治的問題に焦点を当てて研究をしている。単著に、*A World in a Shell*（MIT Press, 2022）、*The Wake of Crows: Living and Dying in Shared Worlds*（Columbia University Press, 2019）などがある。エリザベス・デローリー、デボラ・バード・ローズと共に学術誌 Environmental Humanities（Duke University Press）の創刊と編集に携わっている。

［訳者］

西尾義人（にしお・よしひと）

1973年東京生まれ。翻訳者。国際基督教大学教養学部語学科卒業。訳書にピーター・J・ファイベルマン『博士号だけでは不十分！』（白揚社）、ウォルター・R・チンケル『アリたちの美しい建築』（青土社）などがある。

［解説者］

近藤祉秋（こんどう・しあき）

専門は文化人類学、アラスカ先住民研究。著書に『犬に話しかけてはいけない――内陸アラスカのマルチスピーシーズ民族誌』（慶應義塾大学出版会）。編著に『食う、食われる、食いあう マルチスピーシーズ民族誌の思考』（青土社）などがある。

索　引

さ行

た行

な行

は行

ま行

や行

ら行

わ行

参考文献

Agence France-Presse. 2007. "Nepali Vulture 'Restaurant' Aims to Revive Decimated Population." Agence France-Presse, October 29. http://afp.google.com/article/ ALeqM5hXfBY76myTDIu T9ACEa0mIBcoRVw (accessed July 2, 2013).

Aitken, G. M. 1998. "Extinction." *Biology and Philosophy* 13:393-411.

Albus, Anita. 2011. *On Rare Birds*. Translated by Gerald Chapple. Sydney: New South.

Allen, Barbara. 2009. *Pigeon*. London: Reaktion Books.

Allen, Colin, and Marc Bekoff. 1999. *Species of Mind: The Philosophy and Biology of Cognitive Ethology*. Cambridge, Mass.: MIT Press.

Allen, David. 2011. "My Life as a Turkey." *Nature*, PBS, November 16.

Amadon, Dean. 1983. Foreword. In *Vulture Biology and Management*, edited by Sanford R. Wilbur and Jerome A. Jackson. Berkeley: University of California Press.

Amundson, Ron. 2005. *The Changing Role of the Embryo in Evolutionary Thought: Roots of Evo-Devo*. New York: Cambridge University Press.

Angst, Delphine, Eric Buffetaut, and Anick Abourachid. 2011a. "In Defence of the Slim Dodo: A Reply to Louchart and Mourer-Chauvire." *Naturwissenschaften* 98:359-60.

———. 2011b. "The End of the Fat Dodo? A New Mass Estimate for *Raphus cucullatus*." *Naturwissenschaften* 98:233-36.

APCRI (Association for the Prevention and Control of Rabies in India). 2004. *Assessing the Burden of Rabies In India : WHO Sponsored National Multi-centric Rabies Survey 2003*. Bangalore: Association for the Prevention and Control of Rabies in India.

Arata, Javier A., Paul R. Sievert, and Maura B Naughton. 2009. *Status Assessment of Laysan and Black-footed Albatrosses, North Pacific Ocean, 1923-2005*. Scientific Investigations Report 2009-5131. Reston, Va.: U.S. Geological Survey.

Archer, John. 1999. *The Nature of Grief: The Evolution and Psychology of Reactions to Loss*. London: Routledge.

Attig, Thomas. 1996. *How We Grieve: Relearning the World*. New York: Oxford University Press.〔アティッグ『死別の悲しみに向きあう』(林大訳、大月書店)〕

Auman, Heidi J., James P. Ludwig, John P. Giesy, and Theo Colborn. 1997. "Plastic Ingestion by Laysan Albatross Chicks on Sand Island, Midway Atoll, in 1994 and 1995." In *Albatross Biology and Conservation*, edited by Graham Robertson and Rosemary Gales. Chipping Norton, Australia: Surrey Beatty.

Auman, Heidi J., James P. Ludwig, Cheryl L. Summer, David A. Verbrugge, Kenneth L. Froese, Theo Colborn, and John P. Giesy. 1997. "PCBS, DDE, DDT, and TCDD-EQ in Two Species of Albatross on Sand Island, Midway Atoll, North Pacific Ocean." *Environmental Toxicology*

and Chemistry 16, no. 3:498-504.

Australian Women's Weekly. 1956. "When Summer Comes... Penguins at the Bottom of Their Garden." December 12, 22-23.

Ballard, Carroll. 1996. *Fly Away Home*. Culver City, Calif.: Columbia Pictures Corporation.

Banko, Paul C., Donna L. Ball, and Winston E. Banko. 2002. "Hawaiian Crow (*Corvus hawaiiensis*)." In *The Birds of North America Online*, edited by Alan Poole. Ithaca, N.Y.: Cornell Lab of Ornithology. http://bna.birds.cornell.edu/bna/ (accessed August 8, 2013).

Barad, Karen. 2007. *Meeting the Universe Halfway: Quantum Physics and the Entanglement of Matter and Meaning*. Durham, N.C.: Duke University Press.

Baral, Nabin, Ramji Gautam, Nilesh Timilsina, and Mahadev G. Bhat. 2007. "Conservation Implications of Contingent Valuation of Critically Endangered White-rumped Vulture *Gyps bengalensis* in South Asia." *International Journal of Biodiversity Science and Management* 3:145-56.

Barlow, Connie. 2000. *The Ghosts of Evolution: Nonsensical Fruit, Missing Partners, and Other Ecological Anachronisms*. New York: Basic Books.

Barnes, David K. A., Francois Galgani, Richard C. Thompson, and Morton Barlaz. 2009. "Accumulation and Fragmentation of Plastic Debris in Global Environments." *Philosophical Transactions of the Royal Society B: Biological Sciences* 364:1985-98.

Barnosky, Anthony D., Nicholas Matzke, Susumu Tomiya, Guinevere O. U. Wogan, Brian Swartz, Tiago B. Quental, Charles Marshall, Jenny L. McGuire, Emily L. Lindsey, Kaitlin C. Maguire, Ben Mersey, and Elizabeth A. Ferrer. 2011. "Has the Earth's Sixth Mass Extinction Already Arrived?" *Nature*, March 2, 51-57.

Bastian, Michelle. 2011. "The Contradictory Simultaneity of Being with Others: Exploring Concepts of Time and Community in the Work of Gloria Anzaldua." *Feminist Review* 97:151-67.

———. 2012. "Fatally Confused: Telling the Time in the Midst of Ecological Crises." *Environmental Philosophy* 9, no. 1:23-48.

———. 2013. "Political Apologies and the Question of a 'Shared Time' in the Australian Context." *Theory, Culture & Society* 30, no. 5: 94-121.

Bataille, Georges. 1997. "Death." In *The Bataille Reader*, edited by Fred Botting and Scott Wilson. Oxford: Blackwell.

BBC. 2011. "Japan Tsunami: Thousands of Seabirds Killed Near Hawaii." BBC News, Asia-Pacific, March 16. http://www.bbc.co.uk/news/12756033 (accessed July 2, 2013).

Bekoff, Marc. 2006. "Animal Passions and Beastly Virtues: Cognitive Ethology as the Unifying Science for Understanding the Subjective, Emotional, Empathic, and Moral Lives of Animals." *Human Ecology Forum* 13, no. 1:39-59.

———. 2007. *The Emotional Lives of Animals*. Novato, Calif.: New World Library. 〔ベコフ『動物たちの心の科学』(高橋洋訳、青土社)〕

———. 2010. "First Do No Harm." *New Scientist*, August 28, 24-25.

———. 2012. " 'Zoothanasia' Is Not Euthanasia: Words Matter." *Psychology Today*, August 9.

http://www.psychologytoday.com/blog/animal-emotions/201208/zoothanasia-is-not-euthanasia-words-matter (accessed July 2, 2013).

Birdlife International. 2008. *State of the World's Birds*. Cambridge: Birdlife International.

Blanco, J. M., D. E. Wildt, U. Hofe, W. Voelker, and A. M. Donoghue. 2009. "Implementing Artificial Insemination as an Effective Tool for Ex Situ Conservation of Endangered Avian Species." *Theriogenology* 71:200-213.

Boesch, Christophe. 1996. "The Question of Culture." *Nature*, January 18, 207-8.

Bourne, Julie, and Nicholas I. Klomp. 2004. "Ecology and Management of the Little Penguin *Eudyptula minor* in Sydney Harbour." In *Urban Wildlife: More Than Meets the Eye*, edited by Daniel Lunney and Shelley Burgin. Mosman, Australia: Royal Zoological Society of New South Wales.

Bowkett, Andrew E. 2009. "Recent Captive-Breeding Proposals and the Return of the Ark Concept to Global Species Conservation." *Conservation Biology* 23, no. 3:773-76.

Bradshaw, G. A., Allan N. Schore, Janine L. Brown, Joyce H. Poole, and Cynthia J. Moss. 2005. "Social Trauma: Early Disruption of Attachment Can Affect the Physiology, Behaviour and Culture of Animals and Humans over Generations." *Nature*, February 24, 807.

Bradshaw, Isabel Gay A. 2004. "Not by Bread Alone: Symbolic Loss, Trauma, and Recovery in Elephant Communities." *Society and Animals* 12, no. 2:143-58.

Brault, Pascale-Anne, and Michael Naas. 2001. "Editors' Introduction: To Reckon with the Dead: Jacques Derrida's Politics of Mourning." In *The Work of Mourning*, by Jacques Derrida. Edited by Pascale-Anne Brault and Michael Naas. Chicago: University of Chicago Press.

British Medical Association. 1995. *The BMA Guide to Rabies*. Oxford: Radcliffe Medical Press, on behalf of the British Medical Association.

Buchanan, Brett. 2008. *Onto-Ethologies: The Animal Environments of Uexküll, Heidegger, Merleau-Ponty, and Deleuze*. Albany: State University of New York Press.

Bugnyar, Thomas. 2011. "Knower-Guesser Differentiation in Ravens: Others' Viewpoints Matter." *Proceedings of the Royal Society B : Biological Sciences* 278, no. 1705:634-40.

Bugnyar, Thomas, and Bernd Heinrich. 2006. "Pilfering Ravens, *Corvus corax*, Adjust Their Behaviour to Social Context and Identity of Competitors." *Animal Cognition* 9:369-76.

Bull, Leigh. 2000. "Fidelity and Breeding Success of the Blue Penguin *Eudyptula minor* on Matiu-Somes Island, Wellington, New Zealand." *New Zealand Journal of Zoology* 27:291-98.

Bussolini, Jeffrey. 2013. "Recent French, Belgian and Italian Work in the Cognitive Science of Animals: Dominique Lestel, Vinciane Despret, Roberto Marchesini and Giorgio Celli." *Social Science Information* 52, no. 2:187-209.

Butler, Judith. 2004. *Precarious Life: The Powers of Mourning and Violence*. London: Verso.〔バトラー『生のあやうさ』(本橋哲也訳、以文社)〕

———. 2009. *Frames of War: When I s Life Grievable?* London: Verso.〔バトラー『戦争の枠組』(清水晶子訳、筑摩書房)〕

Butvill, Dave Brian. 2004. "Dances with Cranes." *California Wild*, spring.

Byrne, Denis, Heather Goodall, and Allison Cadzow. 2013. *Place-making in National Parks: Ways That Australians of Arabic and Vietnamese Background Perceive and Use the Parklands Along the Georges River, NSW*. Sydney: Office of Environment and Heritage.

Cade, Tom J. 1988. "Using Science and Technology to Reestablish Species Lost in Nature." In *Biodiversity*, edited by E. O. Wilson. Washington, D.C.: National Academy Press.

Calarco, Matthew. 2002. "On the Borders of Language and Death: Derrida and the Question of the Animal." *Angelaki: Journal of the Theoretical Humanities* 7, no. 2:17-25.

———. 2008. *Zoographies: The Question of the Animal from Heidegger to Derrida*. New York: Columbia University Press.

Candea, Matei. 2010. "I Fell in Love with Carlos the Meerkat: Engagement and Detachment in Human-Animal Relations." *American Ethnologist* 37, no. 2:241-58.

Casey, Edward S. 1996. "How to Get from Space to Place in a Fairly Short Stretch of Time: Phenomenological Prolegomena." In *Senses of Place*, edited by Steven Feld and Keith H. Basso. Santa Fe, N.M.: School of American Research Press.

———. 2001. "J. E. Malpas's Place and Experience: A Philosophical Topography, Converging and Diverging in/on Place." *Philosophy & Geography* 4, no. 2:225-31.

Chapman, M. G., and F. Bulleri. 2003. "Intertidal Seawalls—New Features of Landscape in Intertidal Environments." *Landscape and Urban Planning* 62:159-72.

Chrulew, Matthew. 2011a. "Managing Love and Death at the Zoo: The Biopolitics of Endangered Species Preservation." In "Unloved Others: Death of the Disregarded in the Time of Extinctions," edited by Deborah Bird Rose and Thom van Dooren, special issue, *Australian Humanities Review* 50:137-57.

———. 2011b. "Reflections in Philosophical Ethology." Paper presented at the workshop "The History, Philosophy and Future of Ethology," Macquarie University, Sydney, February 19-21.

Clark, Nigel. 2007. "Living Through the Tsunami: Vulnerability and Generosity on a Volatile Earth." *Geoforum* 38:1127-39.

Clegg, Kent R., James C. Lewis, and David H. Ellis. 1997. "Use of Ultralight Aircraft for Introducing Migratory Crane Populations." In *Proceedings of the Seventh North American Crane Workshop*, edited by Richard P. Urbanek and Dale W. Stahlecker. Grand Island, Neb.: North American Crane Working Group.

Clewell, Tammy. 2009. *Mourning, Modernism, Postmodernism*. New York: Palgrave Mac-millan.

Cooper, Alan, and David Penny. 1997. "Mass Survival of Birds Across the Cretaceous-Tertiary Boundary: Molecular Evidence." *Science* 275:1109-13.

Crist, Eileen. 1999. *Images of Animals: Anthropomorphism and Animal Mind*. Philadelphia: Temple University Press.

Cronon, William. 1992. "A Place for Stories: Nature, History, and Narrative." *Journal of American History*, March, 1347-76.

Culliney, Susan Moana. 2011. "I. Seed Dispersal by the Critically Endangered Alala (*Corvus hawaiiensis*). II. Integrating Community Values into Alala (*Corvus hawaiiensis*) Recovery." M.S.

thesis, Colorado State University.
Curby, Pauline. 2001. *Seven Miles from Sydney : A History of Manly*. Manly, Australia: Manly Council.
Cuthbert, Richard, Jemima Parry-Jones, Rhys E. Green, and Deborah J. Pain. 2007. "NSAIDs and Scavenging Birds: Potential Impacts Beyond Asia's Critically Endangered Vultures." *Biology Letters* 3:91-94.
Daniel, T. A., A. Chiaradia, M. Logan, G. P. Quinn, and R. D. Reina. 2007. "Synchronized Group Association in Little Penguins, Eudyptula minor." *Animal Behaviour* 74:1241-48.
Darwin, Charles. 1871. *The Descent of Man and Selection in Relation to Sex*. Vol. 1. New York: Appleton.〔ダーウィン『人間の由来』(上下巻)(長谷川眞理子訳、講談社学術文庫)〕
———. (1859) 1959. *The Origin of Species*. Philadelphia: University of Pennsylvania Press.〔ダーウィン『種の起源』(上下巻)(八杉龍一訳、岩波文庫)〕
———. (1872) 1965. *The Expression of the Emotions in Man and Animal*. Chicago: Phoenix Books.〔ダーウィン『人及び動物の表情について』(浜中浜太郎訳、岩波文庫)〕
Dastur, Françoise. 1996. *Death: An Essay on Finitude*. Translated by John Llewelyn. London: Athlone Press.
Davis, Lloyd S., and Martin Renner. 2003. *Penguins*. New Haven, Conn.: Yale University Press.
De Roy, Tui. 2008. "North Pacific Survivors: The Northern Albatrosses." In *Albatross: Their World, Their Ways*, edited by Tui De Roy, Mark Jones, and Julian Fitter. Collingwood, Australia: CSIRO.
De Roy, Tui, Mark Jones, and Julian Fitter, eds. 2008. *Albatross: Their World, Their Ways*. Colling wood, Australia: CSIRO.
de Waal, Frans B. M. 2008. "Putt ing the Altruism Back into Altruism: The Evolution of Empathy." *Annual Review of Psychology* 59:279-300.
Decety, Jean. 2011. "The Neuroevolution of Empathy." *Annals of the New York Academy of Sciences* 1231:35-45.
Derrida, Jacques. 1993. *Aporias*. Translated by Thomas Dutoit. Stanford, Calif.: Stanfor University Press.〔デリダ『アポリア』(港道隆訳、人文書院)〕
———. 1994. *Specters of Marx*. Translated by Peggy Kamuf. New York: Routledge.〔デリダ『マルクスの亡霊たち』(増田一夫訳、藤原書店)〕
———. 1999. *Adieu to Emmanuel Levinas*. Translated by Pascale-Anne Brault and Michae Naas. Stanford, Calif.: Stanford University Press.〔デリダ『アデュー』(藤本一勇訳、岩波書店)〕
———. 2001. *The Work of Mourning*. Edited by Pascale-Anne Brault and Michael Naas. Chicago: University of Chicago Press.
———. 2008. "The Animal That Therefore I Am (More to Follow)." In *The Animal That Therefore I Am*. Edited by Marie-Louise Mallet. Translated by David Wills. New York: Fordham University Press.〔デリダ『動物を追う、ゆえに私は〈動物で〉ある』(鵜飼哲訳、筑摩書房)〕
Despret, Vinciane. 2004a. "The Body We Care For: Figures of Anthropo-zoo-genesis." *Body and*

Society 10, nos. 2-3:111-34.

———. 2004b. *Our Emotional Makeup: Ethnopsychology and Selfhood*. Translated by Marjolijn de Jager. New York: Other Press.

Devinder, M. Thappa, and Kaliaperumal Karthikeyan. 2001. "Anthrax: An Overview Within the Indian Subcontinent." *International Journal of Dermatology* 40:216-22.

Diprose, Rosalyn. 2002. *Corporeal Generosity: On Giving with Nietzsche, Merleau-Ponty, and Levinas*. Albany: State University of New York Press.

Donohue, Mary J., and David G. Foley. 2007. "Remote Sensing Reveals Links Among the Endangered Hawaiian Monk Seal, Marine Debris, and El Niño." *Marine Mammal Science* 23, no. 2:468-73.

Duff, Joseph W., William A. Lishman, Clark A. Dewitt, George F. Gee, Daniel T. Sprague, and David H. Ellis. 2001. "Promoting Wildness in Sandhill Cranes Conditioned to Follow an Ultralight Aircraft." In *Proceedings of the Eighth North American Crane Workshop*, edited by David H. Ellis and Catherine H. Ellis. Seattle: North American Crane Working Group.

Ellis, David H., and George F. Gee. 2001. "Whooping Crane Egg Management: Options and Consequences." In *Proceedings of the Eighth North American Crane Workshop*, edited by David H. Ellis and Catherine H. Ellis. Seattle: North American Crane Working Group.

Ellis, David H., George F. Gee, Kent R. Clegg, Joseph W. Duff, William A. Lishman, and William J. L. Sladen. 2001. "Lessons from the Motorized Migrations." In *Proceedings of the Eighth North American Crane Workshop*, edited by David H. Ellis and Catherine H. Ellis. Seattle: North American Crane Working Group.

Ellis, David H., William J. L. Sladen, William A. Lishman, Kent R. Clegg, George F. Gee, and James C. Lewis. 2003. "Motorized Migrations: The Future or Mere Fantasy?" *BioScience* 53, no. 3:260-64.

Emery, Nathan J. 2004. "Are Corvids 'Feathered Apes'? Cognitive Evolution in Crows, Jays, Rooks and Jackdaws." In *Comparative Analysis of Minds*, edited by Shigeru Watanabe. Tokyo: Keio University Press.

Emery, Nathan J., and Nicola S. Clayton. 2004. "The Mentality of Crows: Convergent Evolution of Intelligence in Corvids and Apes." *Science* 306:1903-7.

Enright, D. J. 1983. "Editor's Note." In *The Oxford Book of Death*, edited by D. J. Enright. Oxford: Oxford University Press.

Evening News (Sydney). 1912. "Fairy Penguins. Visitors from the South. Invade Manly Beach."

Ferguson-Lees, James, and David A. Christie. 2001. *Raptors of the World*. New York: Houghton Mifflin Harcourt.

Fernandez, Patricia, David J. Anderson, Paul R. Sievert, and Kathryn P. Huyvaert. 2001. "Foraging Destinations of Three Low-latitude Albatross (*Phoebastria*) Species." *Journal of Zoology* 254:391-404.

Finkelstein, Myra E., Keith A. Grasman, Donald A. Croll, Bernie R. Tershy, Bradford S. Keitt, Walter M. Jarman, and Donald R. Smith. 2007. "Contaminant-associated Alteration of

Immune Function in Black-footed Albatross (*Phoebastria nigripes*), a North Pacific Predator." *Environmental Toxicology* 26, no. 9:1896-903.

Finkelstein, Myra E., Bradford S. Keitt, Donald A. Croll, Bernie R. Tershy, Walter M. Jarman, Sue Rodriguez-Pastor, David J. Anderson, Paul R. Sievert, and Donald R. Smith. 2006. "Albatross Species Demonstrate Regional Differences in North Pacific Marine Contamination." *Ecological Applications* 16, no. 2:678-86.

Fischer, J., and D. B. Lindenmayer. 2000. "An Assessment of the Published Results of Animal Relocations." *Biological Conservation* 96, no. 1:1-11.

Foucault, Michel. 1980. *Power/Knowledge: Selected Interviews and Other Writings, 1972-1977*. Edited and translated by Colin Gordon. New York: Pantheon.

———. (1975) 1995. *Discipline and Punish: The Birth of the Prison*. Translated by Alan Sheridan. New York: Vintage.〔フーコー『監獄の誕生』(田村俶訳、新潮社)〕

Fraser, Orlaith N., and Thomas Bugnyar. 2010. "Do Ravens Show Consolation? Responses to Distressed Others." *PLoS ONE* 5, no. 5:1-8.

Freud, Sigmund. 1917. "Mourning and Melancholia." In *The Standard Edition of the Complete Psychological Works of Sigmund Freud*. Edited by James Strachey. Vol. 14. London: Hogarth Press.〔フロイト「喪とメランコリー」(『フロイト全集 14』(伊藤正博ほか訳、岩波書店)所収)〕

Gee, George F., and Claire M. Mirande. 1996. "Special Techniques, Part A: Crane Artificial Insemination." In *Cranes: Their Biology, Husbandry, and Conservation*, edited by David H. Ellis, George F. Gee, and Claire M. Mirande. Washington, D.C.: Department of the Interior, National Biological Service; Baraboo, Wis.: International Crane Foundation.

Gill, Victoria. 2012. "Antarctic Moss Lives on Ancient Penguin Poo." BBC News, Nature, July 5. http://www.bbc.co.uk/nature/18704332 (accessed July 2, 2013).

Goodenough, Judith, Betty McGuire, and Elizabeth Jakob. 2010. *Perspectives on Animal Behavior*. 3rd ed. Hoboken, N.J.: Wiley.

Gregory, Murray R. 2009. "Environmental Implications of Plastic Debris in Marine Settings: Entanglement, Ingestion, Smothering, Hangers-on, Hitch-hiking and Alien Invasions." *Philosophical Transactions of the Royal Society B: Biological Sciences* 364:2013-25.

Griffiths, Tom. 2007. "The Humanities and an Environmentally Sustainable Australia." *Australian Humanities Review* 43. http://www.australianhumanitiesreview.org/archive/Issue-December-2007/EcoHumanities/EcoGriffiths.html (accessed August 7, 2013).

Grove, Richard H. 1992. "Origins of Western Environmentalism." *Scientific American*, July, 42-47.

Grubh, Robert B. 1983. "The Status of Vultures in the Indian Subcontinent." In *Vulture Biology and Management*, edited by Sanford R. Wilbur and Jerome A. Jackson. Berkeley: University of California Press.

Gummer, Helen. 2003. *Chick Translocation as a Method of Establishing New Surface-nesting Seabird Colonies: A Review*. DOC Science Internal Series 150. Wellington, New Zealand: Department of Conservation.

Guruge, K. S., H. Tanaka, and S. Tanabe. 2001. "Concentration and Toxic Potential of Polychlorinated Biphenyl Congeners in Migratory Oceanic Birds from the North Pacific and the Southern Ocean." *Marine Environmental Research* 52, no. 3: 271-88.

Hall, Matthew. 2011. *Plants as Persons: A Philosophical Botany*. Albany: State University of New York Press.

Haraway, Donna. 1989. *Primate Visions: Gender, Race, and Nature in the World of Modern Science*. New York: Routledge.

———. 1991. "Situated Knowledges: The Science Question in Feminism and the Privilege of Partial Perspective." In *Simians, Cyborgs, and Women: The Reinvention of Nature*. New York: Routledge. 〔ハラウェイ『猿と女とサイボーグ』（高橋さきの訳、青土社）所収〕

———. 1997. *Modest_Witness@Second_Millenium.FemaleMan©_Meets_OncoMouse™ : Feminism and Technoscience*. New York: Routledge.

———. 2003. *The Companion Species Manifesto: Dogs, People, and Significant Otherness*. Chicago: Prickly Paradigm Press. 〔ハラウェイ『伴侶種宣言』（永野文香訳、以文社）〕

———. 2004. "A Manifesto for Cyborgs: Science, Technology, and Social Feminism in the 1980s." In *The Haraway Reader*. New York: Routledge.

———. 2008. *When Species Meet*. Minneapolis: University of Minnesota Press. 〔ハラウェイ『犬と人が出会うとき』（高橋さきの訳、青土社）〕

———. 2011. "Zoöpolis, Becoming Worldly, and Trans-species Urban Theory: For Old Cities Yet to Come." Paper presented at "Playing Cat's Cradle with Companion Species," Wellek Library Lectures, University of California, Irvine, May 5.

———. 2013. "Sowing Worlds: A Seedbag for Terraforming with Earth Others." In *Beyond the Cyborg: Adventures with Donna Haraway*, edited by Margret Grebowicz and Helen Merrick. New York: Columbia University Press.

———. Forthcoming. "Playing String Figures with Companion Species: Staying with the Trouble." In *Que savons-nous des animaux?*, edited by Vinciane Despret. 〔この小論は、まず2014年に "Jeux de ficelles avec les espèces compagnes : rester avec le trouble" というタイトルで、*Les Animaux : deux ou trois choses que nous savons d'eux*, edited by V. Despret et R. Larrère, Hermann. にて発表された。その後2016年に、今度は "Playing String Figures with Companion Species" というタイトルで、Haraway, *Staying With the Trouble: Making Kin in the Chthulucene*. Duke University Press. にて発表された。〕

Hatley, James. 2000. *Suffering Witness: The Quandary of Responsibility After the Irreparable*. Albany: State University of New York Press.

———. 2012. "The Virtue of Temporal Discernment: Rethinking the Extent and Coherence of the Good in a Time of Mass Species Extinctions." *Environmental Philosophy* 9, no. 1:1-21.

Heidegger, Martin. 1996. *Being and Time*. Translated by Joan Stambaugh. Revised by Dennis J. Schmidt. Albany: State University of New York Press. 〔ハイデガー『存在と時間』（全8巻）（中山元訳、光文社古典新訳文庫）〕

Heinrich, Bernd, and Thomas Bugnyar. 2007. "Just How Smart Are Ravens?" *Scientific American*,

April, 64-71.

Helmreich, Stefan. 2009. *Alien Ocean : Anthropological Voyages in Microbial Seas*. Berkeley: University of California Press.

Hess, Eckhard H. 1958. "Imprinting in Animals." *Scientific American*, March, 81-90.

———. 1964. "Imprinting in Birds." *Science* 146:1128-39.

Hinchliffe, Steven, and Sarah Whatmore. 2006. "Living Cities: Towards a Politics of Conviviality." *Science as Culture* 15, no. 2:123-38.

Hird, Myra J. 2009. *The Origins of Sociable Life: Evolution After Science Studies*. New York: Palgrave Macmillan.

Horwich, Robert H., John Wood, and Ray Anderson. 1988. "Release of Sandhill Crane Chicks Hand-reared with Artificial Stimuli." In *Proceedings of the 1988 North American Crane Workshop*, edited by D. A. Wood. Tallahassee: Florida Game and Fresh Water Fish Commission.

Hosey, Geoff, Vicky Melfi, and Sheila Pankhurst. 2009. *Zoo Animals: Behaviour, Management and Welfare*. Oxford: Oxford University Press.〔ホージーほか『動物園学』(村田浩一／楠田哲士監訳、文永堂出版)〕

Houston, David C. 1983. "The Adaptive Radiation of the Griff on Vultures." In *Vulture Biology and Management*, edited by Sanford R. Wilbur and Jerome A. Jackson. Berkeley: University of California Press.

———. 2001. *Condors and Vultures*. Stillwater, Minn.: Voyageur Press.

Houston, David C., and J. E. Cooper. 1975. "The Digestive Tract of the Whiteback Griffon Vulture and Its Role in Disease Transmission Among Wild Ungulates." *Journal of Wildlife Diseases* 11:306-13.

Hughes, Janice M. 2008. *Cranes: A Natural History of a Bird in Crisis*. Richmond Hill, Ont.: Firefy Books.

Hull, Cindy L., Mark A. Hindell, Rosemary P. Gales, Ross A. Meggs, Diane I. Moyle, and Nigel P. Brothers. 1998. "The Efficacy of Translocating Little Penguins *Eudyptula minor* During an Oil Spill." *Biological Conservation* 86:393-400.

Hume, Julian P. 2006. "The History of the Dodo *Raphus cucullatus* and the Penguin of Mauritius." *Historical Biology* 18, no. 2:65-89.

Hume, Julian P., David M. Martill, and Christopher Dewdney. 2004. "Dutch Diaries and the Demise of the Dodo." *Nature*, June 10, 622.

Hunt, Gavin R. 1996. "Manufacture and Use of Hook-Tools by New Caledonian Crows." *Nature*, January 18, 249-51.

Hyrenbach, K. David, Patricia Fernandez, and David J. Anderson. 2002. "Oceanographic Habitats of Two Sympatric North Pacific Albatrosses During the Breeding Season." *Marine Ecology Progress Series* 233:283-301.

Iglesias, Teresa L., Richard McElreatha, and Gail L. Patricelli. 2012. "Western Scrub-Jay Funerals: Cacophonous Aggregations in Response to Dead Conspecifics." *Animal Behaviour* 84, no. 5:1103-11.

Immelmann, Klaus. 1972. "Sexual and Other Long-term Aspects of Imprinting in Birds and Other Species." *Advances in the Study of Behavior* 4:147-74.

Jablonka, Eva, and Marion J. Lamb. 2005. *Evolution in Four Dimensions: Genetic, Epigenetic, Behavioral, and Symbolic Variation in the History of Life*. Cambridge, Mass.: MIT Press.

Jablonski, David, and W. G. Chaloner. 1994. "Extinctions in the Fossil Record." *Philosophical Transactions of the Royal Society B : Biological Sciences* 344:11-17.

Jackson, Andrew L., Graeme D. Ruxton, and David C. Houston. 2008. "The Effect of Social Facilitation on Foraging Success in Vultures: A Modelling Study." *Biology Letters* 4:311-13.

Janzen, Daniel H., and Paul S. Martin. 1982. "Neotropical Anachronisms: The Fruits the Gomphotheres Ate." *Science* 215:19-27.

Johannesen, Edda, Lyndon Perriman, and Harald Steen. 2002. "The Effect of Breeding Success on Nest and Colony Fidelity in the Little Penguin (*Eudyptula minor*) in Otago, New Zealand." *Emu* 102:241-47.

Jones, Mark. 2008. "Perspectives: Albatrosses and Man Through the Ages." In *Albatross: Their World, Their Ways*, edited by Tui De Roy, Mark Jones, and Julian Fitter. Collingwood, Australia: CSIRO.

Jordan, Chris. 2009. "Midway: Message from the Gyre." Chris Jordan Photographic Arts. http://www.chrisjordan.com/gallery/midway (accessed July 2, 2013).

Juvik, J. O., and S. P. Juvik. 1984. "Mauna Kea and the Myth of Multiple Use: Endangered Species and Mountain Management in Hawaii." *Mountain Research and Development* 4, no. 3:191-202.

Kaufman, Leslie. 2012. "When Babies Don't Fit Plan, Question for Zoos Is, Now What?" *New York Times*, August 2.

Kearney, Richard. 2002. *On Stories*. London: Routledge.

Kingsford, R. T., J. E. Watson, C. Lundquist, O. Venter, L. Hughes, E. L. Johnston, J. Atherton, M. Gawel, D. A. Keith, B. G. Mackey, C. Morley, H. P. Possingham, B. Raynor, H. F. Recher, and K. A. Wilson. 2009. "Major Conservation Policy Issues for Biodiversity in Oceania." *Conservation Biology* 23, no. 4:834-40.

Kirksey, S. Eben. Forthcoming. "Life in the Age of Biotechnology." In *The Multispecies Salon: Gleanings from a Para-site*, edited by S. Eben Kirksey. Durham, N.C.: Duke University Press.

Kohn, Eduardo. 2007. "How Dogs Dream: Amazonian Natures and the Politics of Transspecies Engagement." *American Ethnologist* 34, no. 1:3-24.

Konig, Claus. 1983. "Interspecific and Intraspecific Competition for Food Among Old World Vultures." In *Vulture Biology and Management*, edited by Sanford R. Wilbur and Jerome A. Jackson. Berkeley: University of California Press.

Kubota, Masahisa. 1994. "A Mechanism for the Accumulation of Floating Marine Debris North of Hawaii." *Journal of Physical Oceanography* 24:1059-64.

Latimer, Joanna, and Maria Puig de la Bellacasa. 2013. "Re-Thinking the Ethical: Everyday Shifts of Care in Biogerontology." In *Ethics, Law and Society*, edited by Nicky Priaulx and Anthony

Wrigley. London: Ashgate.

Leonard, David L., Jr. 2008. "Recovery Expenditures for Birds Listed Under the US Endangered Species Act: The Disparity Between Mainland and Hawaiian Taxa." *Biological Conservation* 141:2054-61.

Lestel, Dominique. 2011. "The Philosophical Stakes of Ethology for the 21st Century." Paper presented at the workshop "The History, Philosophy and Future of Ethology," Macquarie University, Sydney, February 19-21.

Lestel, Dominique, Florence Brunois, and Florence Gaunet. 2006. "Etho-ethnology and Ethno-ethology: The Coming Synthesis." *Social Science Information* 45, no. 2:155-77.

Lestel, Dominique, and Christine Rugemer. 2008. "Strategies of Life." *Research EU: The Magazine of the European Research Area*, November, 8-9.

Levine, George. 2006. *Darwin Loves You: Natural Selection and the Re-enchantment of the World.* Princeton N.J.: Princeton University Press.

Lindsey, Terence. 2008. *Albatrosses*. Collingwood, Australia: CSIRO.

Livezey, Bradley C. 1993. "An Ecomorphological Review of the Dodo (*Raphus cucullatus*) and Solitaire (*Pezophaps solitaria*), Flightless Columbiformes of the Mascarene Islands." *Journal of Zoology* 230:247-92.

Lorenz, Konrad Z. 1937. "The Companion in the Bird's World." *Auk* 54:245-73.

———. (1949) 2002. *King Solomon's Ring: New Light on Animal Ways*. Translated by Marjorie Kerr Wilson. London: Routledge. 〔ローレンツ『ソロモンの指環』(日高敏隆訳、早川書房)〕

Lorimer, Jamie. 2007. "Nonhuman Charisma." *Environment and Planning D: Society and Space* 25:911-32.

Ludwig, James P., Cheryl L. Summer, Heidi J. Auman, Vanessa Gauger, Darcy Bromley, John P. Giesy, Rosalind Rolland, and Theo Colborn. 1998. "The Roles of Organochlorine Contaminants and Fisherise Bycatch in Recent Population Changes of Blackfooted and Laysan Albatrosses in the North Pacific Ocean." In *Albatross Biology and Conservation*, edited by Graham Robertson and Rosemary Gales. Chipping Norton, Australia: Surrey Beatty.

MacKinnon, John, Yvonne I. Verkuil, and Nicholas Murray. 2012. *IUCN Situation Analysis on East and Southeast Asian Intertidal Habitats, with Particular Reference to the Yellow Sea (Including the Bohai Sea)*. Gland, Switzerland: International Union for Conservation of Nature.

Malein, Flora. 2012. "Siberian Cranes Under Putin's Wings Isn't a Bad Thing." *Guardian*, September 6.

Malpas, Jeff. 1998. "Death and the Unity of a Life." In *Death and Philosophy*, edited by Jeff Malpas and Robert C. Solomon. London: Routledge.

———. 2001. "Comparing Topographies: Across Paths/Around Place: A Reply to Casey." *Philosophy & Geography* 4, no. 2:231-38.

Margulis, Lynn, and Dorian Sagan. 1995. *What Is Life?* Berkeley: University of California Press. 〔マーギュリスほか『生命とはなにか』(池田信夫訳、せりか書房)〕

Markandya, Anil, Tim Taylor, Alberto Longo, M. N. Murty, S. Murty, and K. Dhavala. 2008.

"Counting the Cost of Vulture Decline: An Appraisal of the Human Health and Other Benefits of Vultures in India." *Ecological Economics* 67:194-204.

Martin, Tara. 2012. "Threat of Extinction Demands Fast and Decisive Action." *The Conversation*, July 24. http://theconversation.com/threat-of-extinction-demands-fast-and-decisive-action-7985 (accessed August 8, 2013).

Marzluff, John M. 2005. *In the Company of Crows and Ravens*. Illustrated by Tony Angell. New Haven: Conn.: Yale University Press.

———. 2012. *Gifts of the Crow: How Perception, Emotion, and Thought Allow Smart Birds to Behave Like Humans*. Illustrated by Tony Angell. New York: Free Press. 〔マーズラフ『世界一賢い鳥、カラスの科学』（東郷えりか訳、河出書房新社)〕

Mayr, Ernst. 1996. "What Is a Species, and What Is Not?" *Philosophy of Science* 63:262-77.

———. 2001. *What Evolution Is*. New York: Basic Books.

McAllister, Molly. 2008. "Imprinting—A Case of 'Birds Gone Wrong.' " *Warbler* [newsletter of the Audubon Society of Portland, Ore.], July-August. http://audubonportland.org/about/newsletter-pdfs/julyaug (accessed July 2, 2013).

McGrath, Susan. 2007. "The Vanishing." *Smithsonian Magazine*, February.

McGrew, W. C. 1998. "Culture in Nonhuman Primates?" *Annual Review of Anthropology* 27:301-28.

Menezes, Rozario. 2008. "Rabies in India." *Canadian Medical Association Journal* 178, no. 5:564-66.

Meteyer, Carol Uphoff, Bruce A. Rideout, Martin Gilbert, H. L. Shivaprasad, and J. Lindsay Oaks. 2005. "Pathology and Proposed Pathophysiology of Diclofenac Poisoning in Free-living and Experimentally Exposed Oriental White-backed Vultures (*Gyps bengalensis*)." *Journal of Wildlife Diseases* 41, no. 4:707-16.

Millennium Ecosystem Assessment. 2005. *Ecosystems and Human Well-Being: Current State and Trends: Findings of the Condition and Trends Working Group of the Millennium Ecosystem Assessment*. Edited by Rashid Hassan, Robert Scholes, and Neville Ash. Washington, D.C.: Island Press.

Molloy, Janice, John Bennett, and Caren Schroder. 2008. "Southern Seabird Solutions Trust: Conservation Through Cooperation." In *Albatross: Their World, Their Ways*, edited by Tui De Roy, Mark Jones, and Julian Fitter. Collingwood, Australia: CSIRO.

Morton, Timothy. 2010. *The Ecological Thought*. Cambridge, Mass.: Harvard University Press.

———. 2011. "Dawn of the Hyperobjects 2." June 26. YouTube. http://www.youtube.com/watch?v=zxpPJ16D1cY (accessed July 2, 2013).

———. 2012. "Everything We Need: Scarcity, Scale, Hyperobjects." *Architectural Design* 82, no. 4:78-81.

Mosier, Andrea E., and Blair E. Witherington. 2001. "Documented Effects of Coastal Armoring Structures on Sea Turtle Nesting Behavior." In *Proceedings of the Coastal Ecosystems and Federal Activities Technical Training Symposium*, August 20-22, Gulf Shores, Conn., U.S. Fish and Wildlife Service.

Muller-Schwarze, Dietland. 1984. *The Behavior of Penguins: Adapted to Ice and Tropics*. Albany: State University of New York Press.

Myers, Norman, and Andrew H. Knoll. 2001. "The Biotic Crisis and the Future of Evolution." *Proceedings of the National Academy of Sciences* 98, no. 10:5389-92.

Nancy, Jean-Luc. 2002. "L'Intrus." Translated by Susan Hanson. *New Centennial Review* 2, no. 3:1-14.

Naughton, Maura B., Marc D. Romano, and Tara S. Zimmerman. 2007. "A Conservation Action Plan for Black-footed Albatross (*Phoebastria nigripes*) and Laysan Albatross (*P. immutabilis*), Ver. 1.0." http://www.fws.gov/Pacific/migratorybirds/pdf/Albatross%20Action%20Plan%20ver.1.0.pdf (accessed August 7, 2013).

Nixon, Rob. 2011. *Slow Violence and the Environmentalism of the Poor*. Cambridge, Mass.: Harvard University Press.

Noske, Barbara. 1989. *Humans and Other Animals: Beyond the Boundaries of Anthropology*. London: Pluto Press.

NPWS (National Parks and Wildlife Service). 2000. *Endangered Population of Little Penguins* Eudyptula minor *at Manly, Recovery Plan*. Hurstville: NSW National Parks and Wildlife Service.

———. 2002a. *Declaration of Critical Habitat for the Endangered Population of Little Penguins at Manly*. Hurstville: NSW National Parks and Wildlife Service.

———. 2002b. *Urban Wildlife Renewal: Growing Conservation in Urban Communities*. Hurstville: NSW National Parks and Wildlife Service.

Oldland, Jo, Danny Rogers, Rob Clemens, Lainie Berry, Grainne Macguire, and Ken Gosbell. 2009. *Shorebird Conservation in Australia*. Birds Australia Conservation Statement, no. 14. Carlton: Birds Australia.

Olsen, Glenn H., Jonanna A. Taylor, and George F. Gee. 1997. "Whooping Crane Mortality at Patuxent Wildlife Research Center, 1982-95." In *Proceedings of the Seventh North American Crane Workshop*, edited by Richard P. Urbanek and Dale W. Stahlecker. Grand Island, Neb.: North American Crane Working Group.

Olsen, Penny, and Leo Joseph. 2011. *Stray Feathers: Reflections on the Structure, Behaviour and Evolution of Birds*. Collingwood, Australia: CSIRO.

Oyama, Susan. 2000. *Evolution's Eye: A Systems View of the Biology-Culture Divide*. Durham, N.C.: Duke University Press.

Pain, D. J., A. A. Cunningham, P. F. Donald, J. W. Duckworth, D. C. Houston, T. Katzner, J. Parry-Jones, C. Poole, V. Prakash, P. Round, and R. Timmins. 2003. "Causes and Effects of Temporospatial Declines of Gyps Vultures in Asia." *Conservation Biology* 17, no. 3:661-71.

Palmer, Clare. 2010. *Animal Ethics in Context*. New York: Columbia University Press.

Peacock, Laurel. 2009. " Animots and the Alphabête in the Poetry of Francis Ponge." *Australian Humanities Review* 47:89-97.

Pichel, William G., James H. Churnside, Timothy S. Veenstra, David G. Foley, Karen S. Friedman, Russell E. Brainard, Jeremy B. Nicoll, Quanan Zheng, and Pablo Clemente-Colon. 2007. "Marine Debris Collects Within the North Pacific Subtropical Convergence Zone."

Marine Pollution Bulletin 54:1207-11.

Pika, Simone, and Thomas Bugnyar. 2011. "The Use of Referential Gestures in Ravens (*Corvus corax*) in the Wild." *Nature Communications* 2, no. 560:1-5.

Plumwood, Val. 2002. *Environmental Culture: The Ecological Crisis of Reason*. London: Routledge.

———. 2003. "Animals and Ecology: Towards a Better Integration." Australian National University. http://hdl.handle.net/1885/41767 (accessed July 2 2013).

———. 2007. "Human Exceptionalism and the Limitations of Animals: A Review of Raimond Gaita's The Philosopher's Dog." *Australian Humanities Review* 42.

———. 2008a. "Shadow Places and the Politics of Dwelling." *Australian Humanities Review* 44:139-50.

———. 2008b. "Tasteless: Towards a Food-based Approach to Death." Environmental Values 17:323-30.

———. 2009. "Nature in the Active Voice." *Australian Humanities Review* 46:113-29.

———. 2011. "'Babe': The Tale of the Speaking Meat: Part I." *Australian Humanities Review* 51:205-7.

Podolsky, Richard H. 1990. "Effectiveness of Social Stimuli in Attracting Laysan Albatross to New Potential Nesting Sites." *Auk* 107:119-25.

Poole, Joyce. 1996. *Coming of Age with Elephants : A Memoir*. London: Hodder and Stoughton.

Prakash, V. 1999. "Status of Vultures in Keoladeo National Park, Bharatpur, Rajasthan, with Special Reference to Population Crash in *Gyps* Species." *Journal of the Bombay Natural History Society* 96:365-78.

Prakash, V., R. E. Green, D. J. Pain, S. P. Ranade, S. Saravanan, N. Prakash, R. Venkitachalam, R. Cuthbert, A. R. Rahmani, and A. A. Cunningham. 2007. "Recent Changes in Populations of Resident *Gyps* Vultures in India." *Journal of the Bombay Natural History Society* 104, no. 2:129-35.

Primack, Richard. 1993. *Essentials of Conservation Biology*. Sunderland, Mass.: Sinaur.

Puig de la Bellacasa, Maria. 2012. "'Nothing Comes Without Its World': Thinking with Care." *Sociological Review* 60, no. 2:197-216.

Quammen, David. 1996. *The Song of the Dodo: Island Biogeography in an Age of Extinctions*. New York: Scribner. 〔クォメン『ドードーの歌』(上下巻)(鈴木主税訳、河出書房新社)〕

Raup, David M., and J. John Sepkoski. 1982. "Mass Extinctions in the Marine Fossil Record." *Science* 215:1501-3.

Read, Peter. 1996. *Returning to Nothing: The Meaning of Lost Places.* Cambridge: Cambridge University Press.

Reilly, P. N., and J. M. Cullen. 1981. "The Little Penguin *Eudyptula minor* in Victoria, II: Breeding." *Emu* 81, no. 1:1-19.

Reinert, Hugo. 2007. "The Pertinence of Sacrifice—Some Notes on Larry the Luckiest Lamb." *Borderlands* 6, no. 3:1-32.

Restani, Marco, and John M. Marzluff. 2002. "Funding Extinction? Biological Needs and Political

Realities in the Allocation of Resources to Endangered Species Recovery." *BioScience* 52, no. 2:169-77.

Ricciardi, Alessia. 2003. *The Ends of Mourning: Psychoanalysis, Literature, Film*. Stanford, Calif.: Stanford University Press.

Rice, Dale W., and Karl W. Kenyon. 1962. "Breeding Cycles and Behavior of Laysan and Black-footed Albatrosses." *Auk* 79, no. 4:517-67.

Rich, Pat V. 1983. "The Fossil Record of the Vultures: A World Perspective." In *Vulture Biology and Management*, edited by Sanford R. Wilbur and Jerome L. Jackson. Berkeley: University of California Press.

Ricoeur, Paul. 2007. "On Stories and Mourning." In *Traversing the Imaginary: Richard Kearney and the Postmodern Challenge*, edited by Peter Gratton and John Panteleimon Manoussakis. Evaston, Ill.: Northwestern University Press.

Riegel, Christian. 2003. *Writing Grief: Margaret Laurence and the Work of Mourning*. Winnipeg: University of Manitoba Press.

Robbins, Paul. 1998. "Shrines and Butchers: Animals as Deities, Capital, and Meat in Contemporary North India." In *Animal Geographies: Place, Politics, and Identity in the Nature - Culture Borderlands*, edited by Jennifer Wolch and Jody Emel. London: Verso.

Rogers, T., and C. Knight. 2006. "Burrow and Mate Fidelity in the Little Penguin *Eudyptula minor* at Lion Island, New South Wales, Australia." *Ibis* 148:801-6.

Rolston, Holmes, III. 1998. "Down to Earth: Persons in Place in Natural History." In *Philosophy and Geography III : Philosophies of Place*, edited by Andrew Light and Jonathan M. Smith. Lanham, Md.: Rowman & Littlefield.

———. 1999. "Respect for Life: Counting What Singer Finds of No Account." In *Singer and His Critics*, edited by Dale Jamieson. Oxford: Blackwell.

Rose, Deborah Bird. 2006. "What If the Angel of History Were a Dog?" *Cultural Studies Review* 12, no. 1: 67-78.

———. 2008. "Judas Work: Four Modes of Sorrow." *Environmental Philosophy* 5, no. 2:51-66.

———. 2012a. "In the Shadow of All This Death." Paper presented at the conference "Animal Death," University of Sydney, June 12-13. Extinction Studies Working Group. http://extinctionstudies.org/communications/shadow_of_all_this_death (accessed July 2, 2013).

———. 2012b. "Multispecies Knots of Ethical Time." *Environmental Philosophy* 9, no. 1:127-40.

Rose, Deborah Bird, and Thom van Dooren, eds. 2011. "Unloved Others: Death of the Disregarded in the Time of Extinctions." Special issue, *Australian Humanities Review* 50.

Ruxton, Graeme D., and David C. Houston. 2004. "Obligate Vertebrate Scavengers Must Be Large Soaring Fliers." *Journal of Theoretical Biology* 228:431-36.

Safina, Carl. 2007. "Wings of the Albatross." *National Geographic*, December.

———. 2008. Introduction. In *Albatross: Their World, Their Ways*, edited by Tui De Roy, Mark Jones, and Julian Fitt er. Collingwood, Australia: CSIRO.

Sagan, Dorion. 2010. "Introduction: Umwelt After Uexküll." In *A Foray into the Worlds of Animals*

and Humans, with A Theory of Meaning, by Jakob von Uexküll. Translated by Joseph D. O'Neil. Minneapolis: University of Minnesota Press.

Scarponi, Antonio. 2012. "The Seventh Continent—Musings on The Plastic Garbage Project." August 27. Domus. http://www.domusweb.it/en/design/the-seventh-continentmusings-on-the-plastic-garbage-project (accessed July 2, 2013).

Schuz, Ernst, and Claus Konig. 1983. "Old World Vultures and Man." In *Vulture Biology and Management*, edited by Sanford R. Wilbur and Jerome A. Jackson. Berkeley: University of California Press.

Seed, Amanda M., Nicola S. Clayton, and Nathan J. Emery. 2007. "Postconflict Third-Party Affiliation in Rooks, *Corvus frugilegus*." *Current Biology* 17:152-58.

Seed, Amanda, Nathan Emery, and Nicola Clayton. 2009. "Intelligence in Corvids and Apes: A Case of Convergent Evolution?" *Ethology* 115:401-20.

Serventy, D. L., B. M. Gunn, I. J. Skira, J. S. Bradley, and R. D. Wooller. 1989. "Fledgling Translocation and Philopatry in a Seabird." *Oecologia* 81:428-29.

Shaffer, Scott. 2008. "Albatross Flight Performance and Energetics." In *Albatross: Their World, Their Ways*, edited by Tui De Roy, Mark Jones, and Julian Fitter. Collingwood, Australia: CSIRO.

Sileo, Louis, Paul R. Sievert, and Michael D. Samuel. 1990. "Causes of Mortality of Albatross Chicks at Midway Atoll." *Journal of Wildlife Diseases* 26, no. 3:329-38.

Singh, Jyotsna. 2003. "India Targets Cow Slaughter." BBC News, August 11. http://news.bbc.co.uk/2/hi/south_asia/2945020.stm (accessed July 2, 2013).

Slagsvold, Tore, Bo T. Hansen, Lars E. Johannessen, and Jan T. Lifjeld. 2002. "Mate Choice and Imprinting in Birds Studied by Cross-fostering in the Wild." *Proceedings of the Royal Society B : Biological Sciences* 269:1449-55.

Sluckin, Wladyslaw. 1964. *Imprinting and Early Learning*. London: Methuen.

Smith, Mick. 2001. "Environmental Anamnesis: Walter Benjamin and the Ethics of Extinction." *Environmental Ethics* 23, no. 3:359-76.

———. 2011. "Dis(appearance): Earth, Ethics and Apparently (In)Significant Others." In "Unloved Others: Death of the Disregarded in the Time of Extinctions," edited by Deborah Bird Rose and Thom van Dooren, special issue, *Australian Humanities Review* 50:23-44.

Snyder, Noel F. R., Scott R. Derrickson, Steven R. Beissinger, James W. Wiley, Thomas B. Smith, William D. Toone, and Brian Miller. 1996. "Limitations of Captive Breeding in Endangered Species Recovery." *Conservation Biology* 10, no. 2:338-48.

Star, Susan Leigh, and Anselm Strauss. 1999. "Layers of Silence, Arenas of Voice: The Ecology of Visible and Invisible Work." *Computer Supported Cooperative Work* 8:9-30.

Steadman, David W. 1995. "Prehistoric Extinctions of Pacific Island Birds: Biodiversity Meets Zooarchaeology." *Science* 267:1123-31.

———. 2006. *Extinction and Biogeography of Tropical Pacific Birds*. Chicago: University of Chicago Press.

Stearns, Beverly Peterson, and Stephen C. Stearns. 1999. *Watching, from the Edge of Extinction*. New

Haven, Conn.: Yale University Press.〔スターンズほか『レッドデータの行方』（大西央士／小林重隆／成田あゆみ訳、ニュートンプレス）〕

Stewart, Will. 2012. "Now It's Putin the Bird Man: Latest Animal Stunt See Russian President Take to Skies in Micro Glider as 'Chief Crane.' " *Daily Mail*, September 5. http://www.dailymail.co.uk/news/article-2198963/Now-Putin-bird-man-Latest-animal-stunt-sees-Russian-president-skies-micro-glider-chief-crane.html (accessed July 2, 2013)

Strauss, Jonathan. 2000. "After Death." *Diacritics* 30, no. 3:90-104.

Stuart, Simon N., Michael Hoffmann, J. S. Chanson, N. A. Cox, R.J. Berridge, P. Ramani, and B. E. Young. 2008. *Threatened Amphibians of the World*. Barcelona: Lynx Edicions.

Subramanian, Meera. 2008. "Towering Silence." Science & Spirit, May-June, 34-38.

Sullivan, Ben. 2008. "The Albatross Task Force: A Sea Change for Seabirds." In *Albatross: Their World, Their Ways*, edited by Tui De Roy, Mark Jones, and Julian Fitt er. Collingwood, Australia: CSIRO.

Sunday Telegraph. 1954. "300 Penguins Shot at North Head." August 22, 3.

Sun-Herald. 1954. "Hoodlums Kill 30 Penguins." October 24, 7.

Swan, Gerry E., Richard Cuthbert, Miguel Quevedo, Rhys E. Green, Deborah J Pain, Paul Bartels, Andrew A. Cunningham, Neil Duncan, Andrew A. Meharg, Lindsay Oaks, Jemima Parry-Jones, Susanne Shultz, Mark A. Taggart, Gerhard Verdoorn, and Kerri Wolter. 2006. "Toxicity of Diclofenac to *Gyps* Vultures." *Biology Letters* 2:279-82.

Swan, Gerry, Vinasan Naidoo, Richard Cuthbert, Rhys E. Green, Deborah J. Pain, Devendra Swarup, Vibhu Prakash, Mark Taggart, Lizett e Bekker, Devojit Das, Jorg Diekmann, Maria Diekmann, Elmarié Killian, Andy Meharg, Ramesh Chandra Patra, Mohini Saini, and Kerri Wolter. 2006. "Removing the Threat of Diclofenac to Critically Endangered Asian Vultures." *PLoS Biology* 4, no. 3:0395-402.

Swengel, Scott R., George W. Archibald, David H. Ellis, and Dwight G. Smith. 1996. "Behavior Management." In *Cranes: Their Biology, Husbandry, and Conservation*, edited by David H. Ellis, George F. Gee, and Claire M. Mirande. Washington, D.C.: Department of the Interior, National Biological Service; Baraboo, Wis.: International Crane Foundation.

Sydney Morning Herald. 1931. "Crested Penguin." June 15, 8.

———. 1936. "Penguins: Minister Warns Public." March 31, 9.

———. 1948. "'Fairies' in the Harbour." March 26, 2.

Taylor, Alex H., Gavin R. Hunt, Jennifer C. Holzhaider, and Russell D. Gray. 2007. "Spontaneous Metatool Use by New Caledonian Crows." *Current Biology* 17:1504-7.

Temple, Stanley A. 1977. "Plant-Animal Mutualism: Coevolution with Dodo Leads to Near Extinction of Plant." *Science* 197:885-86.

ten Cate, Carel, and Dave R. Vos. 1999. "Sexual Imprinting and Evolutionary Processes in Birds: A Reassessment." *Advances in the Study of Behavior* 28:1-31.

Thomson, Melanie S. 2007. "Placing the Wild in the City: 'Thinking with' Melbourne's Bats." *Society and Animals* 15:79-95.

Thornton, Joe. 2000. *Pandora's Poison: Chlorine, Health, and a New Environmental Strategy*. Cambridge, Mass.: MIT Press. 〔ソーントン『パンドラの毒』(井上義雄訳、東海大学出版会)〕

Tsing, Anna Lowenhaupt. 2012. "Unruly Edges: Mushrooms as Companion Species." *Environmental Humanities* 1:141-54.

———. Forthcoming. "Blasted Landscapes, and the Gentle Art of Mushroom Picking." In *The Multispecies Salon: Gleanings from a Para-site*, edited by S. Eben Kirksey. Durham, N.C.: Duke University Press.

U.S. Fish and Wildlife Service (USFWS). 2007. *International Recovery Plan for the Whooping Crane* (Grus americana), *Third Revision*. Albuquerque: U.S. Fish and Wildlife Service.

———. 2009. *Revised Recovery Plan for the 'Alalā* (Corvus hawaiiensis). Portland, Ore.: U.S. Fish and Wildlife Service.

———. 2011. "Endangered and Threatened Wildlife and Plants: Establishment of a Nonessential Experimental Population of Endangered Whooping Cranes in Southwestern Louisiana." *Federal Register* 76, no. 23:6066-82.

———. 2012. "Midway Atoll National Wildlife Refuge—About Us." April 30. http://www.fws.gov/midway/aboutus.html (accessed July 2, 2013).

van Dooren, Thom. 2010. "Pain of Extinction: The Death of a Vulture." *Cultural Studies Review* 16, no. 2:271-89.

———. 2011a. "Invasive Species in Penguin Worlds: An Ethical Taxonomy of Killing for Conservation." *Conservation and Society* 9, no. 4:286-98.

———. 2011b. *Vulture*. London: Reaktion Books.

van Dooren, Thom, and Deborah Bird Rose. 2012. "Storied-places in a Multispecies City." *Humanimalia* 3, no. 2:1-27.

Vijaikumar, M., M. Thappa Devinder, and K. Karthikeyan. 2002. "Cutaneous Anthrax: An Endemic Outbreak in South India." *Journal of Tropical Pediatrics* 48, no. 4:225-26.

von Uexküll, Jakob. (1934, 1940) 2010. *A Foray into the Worlds of Animals and Humans, with A Theory of Meaning*. Translated by Joseph D. O'Neil. Minneapolis: University of Minnesota Press. 〔ユクスキュル『生物から見た世界』(日高敏隆/羽田節子訳、岩波文庫)〕

Walters, Mark Jerome. 2006. *Seeking the Sacred Raven: Politics and Extinction on a Hawaiian Island*. Washington, D.C.: Island Press.

Warkentin, Tracy. 2010. "Interspecies Etiquette: An Ethics of Paying Attention to Animals." *Ethics and the Environment* 15, no. 1:101-21.

Wellington, Marianne, Ann Burke, Jane M. Nicholich, and Kathleen O'Malley. 1996. "Chick Rearing." In *Cranes: Their Biology, Husbandry, and Conservation*, edited by David H. Ellis, George F. Gee, and Claire M. Mirande. Washington, D.C.: Department of the Interior, National Biological Service; Baraboo, Wis.: International Crane Foundation.

West, Meredith J., and Andrew P. King. 1987. "Settling Nature and Nurture into an Ontogenetic Niche." *Developmental Psychobiology* 20, no. 5:549-62.

Wexler, Rebecca. 2008. "Onward, Christian Penguins: Wildlife Film and the Image of Scientific Authority." *Studies in History and Philosophy of Biological and Biomedical Sciences* 39:273-79.

Wilcox, Bruce A. 1988. "Tropical Deforestation and Extinction." In *IUCN Red List of Threatened Animals*, edited by International Union for Conservation of Nature and Natural Resources. Gland, Switzerland: International Union for Conservation of Nature.

Wilkins, John S. 2009. *Species: A History of the Idea*. Berkeley: University of California Press.

Williams, Alan. 1997. "Zoroastrianism and the Body." In *Religion and the Body*, edited by Sarah Coakley. Cambridge: Cambridge University Press.

Wolch, Jennifer. 2002. "Anima urbis." *Progress in Human Geography* 26, no. 6:721-42.

Wolfe, Cary. 2009. *What I s Posthumanism?* Minneapolis: University of Minnesota Press.

Wylie, Dan. 2010. "Minding Elephants and the Rhetorics of Destruction." *Australian Literary Studies* 25, no. 2:72-87.

Wynne, Clive D. L. 2002. *Animal Cognition: The Mental Lives of Animals*. New York: Palgrave Macmillan.

Young, Lindsay C., Brenda J. Zaun, and Eric A. VanderWerf. 2008. "Successful Same-Sex Pairing in Laysan Albatross." *Biology Letters* 4:323-25.

絶滅へむかう鳥たち
——絡まり合う生命と喪失の物語

2023年1月23日　第1刷印刷
2023年2月7日　第1刷発行

著　者　トム・ヴァン・ドゥーレン
訳　者　西尾義人
発行者　清水一人
発行所　青土社
101-0051　東京都千代田区神田神保町1-29　市瀬ビル
電話　03-3291-9831（編集部）03-3294-7829（営業部）
振替　00190-7-192955

装　幀　水戸部 功
印刷・製本　双文社印刷
組　版　フレックスアート

ISBN978-4-7917-7533-0 Printed in Japan